AF233916

BIBLIOTHÈQUE SCIENTIFIQUE CONTEMPORAINE

LA PRÉVISION DU TEMPS

ET LES PRÉDICTIONS MÉTÉOROLOGIQUES

G. DALLET

Avec figures intercalées dans le texte

PARIS

LIBRAIRIE J. B. BAILLIÈRE ET FILS

Rue Hautefeuille, près du boulevard Saint-Germain

1887

Tous droits réservés

8°V
1316

BIBLIOTHÈQUE SCIENTIFIQUE CONTEMPORAINE

LA
PRÉVISION DU TEMPS

ET

LES PRÉDICTIONS MÉTÉOROLOGIQUES

LIBRAIRIE J.-B. BAILLIÈRE ET FILS

BIBLIOTHÈQUE SCIENTIFIQUE CONTEMPORAINE
A **3** FR. **50** LE VOLUME

Nouvelle collection de volumes in-16, comprenant 300 à 400 pages, imprimés en caractères elzéviriens et illustrés de figures intercalées dans le texte.

Le somnambulisme provoqué. Études physiologiques et psychologiques, par H. BÉAUNIS, professeur à la Faculté de Nancy, 1 vol. in-16 avec figures *(Deuxième édition)* .... 3 fr. 50

Magnétisme et hypnotisme. Exposé des phénomènes observés pendant le sommeil nerveux provoqué, avec un résumé historique du magnétisme animal, par le Dr A. CULLERRE. 1 vol. in-16 avec 28 figures *(Deuxième édition)* .... 3 fr. 50

Hypnotisme, double conscience et altérations de la personnalité, par le Dr AZAM, professeur à la Faculté de médecine de Bordeaux. 1 vol. in-16 avec figures .... 3 fr. 50

Le secret médical. Honoraires, mariage, assurances sur la vie, déclaration de naissance, expertise, témoignage, etc., par P. BROUARDEL, professeur à la Faculté de Paris. 1 vol. in-16 .... 3 fr. 50

La coloration des vins par les couleurs de la houille. Méthode analytique et marche systématique pour reconnaître la nature de la coloration, par P. CAZENEUVE, professeur à la Faculté de Lyon. 1 vol. in-16 avec 1 planche .... 3 fr. 50

Microbes et maladies, par J. SCHMITT, professeur agrégé à la Faculté de Nancy. 1 vol. in-16 avec 24 figures .... 3 fr. 50

Les abeilles. Organes et fonctions, éducation et produits, miel et cire, par MAURICE GIRARD, président de la Société entomologique de France. 1 vol. in-16, avec 30 figures et 1 planche coloriée *(Deuxième édition)* .... 3 fr. 50

Les pygmées des Anciens, d'après la Science moderne, les Negritos, ou pygmées asiatiques, les Negrillos ou pygmées africains, par A. DE QUATREFAGES, professeur au Muséum, membre de l'Institut. 1 vol. in-16 avec figures .... 3 fr. 50

Névrose et nervosisme, Hygiène des énervés et des névropathes, par le Dr A. CULLERRE. 1 vol. in-16 .... 3 fr. 50

La suggestion mentale et l'action des médicaments à distance, par MM. les Drs BOURRU et BUROT, professeurs de l'École de médecine de Rochefort. 1 vol. in-16 .... 3 fr. 50

Le lait, Études chimiques et microbiologiques, par DUCLAUX, professeur à la Faculté des Sciences de Paris, et à l'Institut agronomique. 1 vol. in-16 avec figures .... 3 fr. 50

Sous les mers. Histoire des Explorations sous-marines, par le marquis de FOLIN, membre de la Commission des Dragages. 1 vol. in-16 avec figures .... 3 fr. 50

La galvanoplastie, par E. BOUANT, agrégé des sciences physiques. 1 vol. in-16 avec figures .... 3 fr. 50

IMPRIMERIE ÉMILE COLIN, A SAINT-GERMAIN.

LA
IPRÉVISION DU TEMPS

ET

LES PRÉDICTIONS MÉTÉOROLOGIQUES

PAR

G. DALLET

BIBLIOTHÈQUE NATIONALE R.F. IMPRIMÉS

PARIS

LIBRAIRIE J.-B. BAILLIÈRE ET FILS

19, RUE HAUTEFEUILLE, près du boulevard Saint-Germain

1887

Tous droits réservés

LA PRÉVISION DU TEMPS

ET

LES PRÉDICTIONS MÉTÉOROLOGIQUES

INTRODUCTION

I. — *Importance des lois météorologiques.*

La météorologie s'occupe spécialement de l'étude des phénomènes de l'atmosphère où nous sommes plongés ; elle observe les changements qui s'y produisent sans cesse, les analyse et en cherche l'explication : c'est, par ses multiples applications à nos besoins, une des sciences qui nous offrent le plus d'avantages.

Qui n'est curieux de connaître d'avance les variations de la température ? Quel est l'agriculteur, le marin, l'industriel pour lequel il n'y a pas parfois un intérêt capital à savoir quand il surviendra de la chaleur ou du froid, de la neige ou de la pluie, de la grêle ou des tempêtes ? Il n'est pas jusqu'au médecin qui ne puisse tirer de la connaissance du temps des éléments importants pour la guérison de ses malades.

En résumé, soit pour notre bien-être physique, soit au point de vue de nos intérêts matériels, la météorologie nous fournit des indications utiles dont nous pouvons tirer les meilleurs résultats.

Les lois de la météorologie sont peu nombreuses, elles sont accessibles à tous ; leur connaissance s'acquiert facilement et, lorsque les premières difficultés ont été vaincues, les observations donnent déjà des résultats appréciables dont on peut tirer une application immédiate.

L'influence du temps sur la constitution humaine se fait sentir avec trop de puissance pour que nous puissions nous montrer indifférents aux indications qu'elle est à même de nous donner. Le temps pluvieux nous rend moroses et la gaîté ne revient dans notre âme qu'avec les rayons du soleil ; cette influence peut donc avoir une grande part aux décisions de notre existence, et a droit, pour cela, à notre attention.

Des titres aussi nombreux, ajoutés à ce besoin de savoir, qui constitue un des principaux points de notre supériorité sur le reste des êtres vivants, font de la météorologie une science attrayante et pratique.

Le mot *météorologie* vient du grec et signifie « discours sur les météores ». L'expression *météore*, limitée, dans notre langue, à un sens restreint, doit être envisagée à un point de vue plus général ; si la météorologie s'occupe, en effet, de ces corps lumineux qui apparaissent brillants dans le ciel et disparaissent presqu'aussitôt, elle consacre aussi ses études à l'observation des phénomènes et des changements incessants de l'atmosphère.

La nécessité des observations météorologiques s'est fait sentir dans les temps les plus reculés, mais, dès la naissance de ces études, un obstacle invincible s'éleva, devant lequel les efforts multipliés des observateurs devaient rester impuissants! La météorologie est, en effet, une science dont le développement et les progrès ne peuvent être acquis que par l'association d'un grand nombre de personnes. C'est en vain qu'un patient et laborieux observateur accumulera des milliers d'observations; livré à ses propres forces, il ne pourra tirer de ses travaux que des résultats incomplets et à peu près stériles.

Dans l'étude constante des phénomènes de l'atmosphère, chaque observateur ne voit se dérouler devant lui qu'une infime partie des variations atmosphériques et ne peut en tirer de conclusions. L'univers est un livre dont il n'aperçoit qu'une page; lors même qu'il parviendrait à déchiffrer cette page, que de mystères ne resteraient pas encore ensevelis pour lui dans le reste du volume! Si, au contraire, réunissant leurs efforts, des milliers d'observateurs rassemblent ces feuillets épars et les replacent dans l'ordre où ils ont été composés, les obscurités du texte disparaissent et l'œuvre de la nature se dévoile à leurs yeux dans toute sa majesté.

Le développement des sciences, en général, résulte du mutuel concours qu'elles se prêtent entre elles. Les progrès de la mécanique et surtout l'application du télégraphe ont fait entrer la météorologie dans une phase nouvelle. Les observations plus exactes, pouvant être rapidement centralisées, la discussion des recherches météorologiques devait amener la découverte des grandes lois qui régissent les phénomènes de l'atmosphère.

Nous nous sommes proposé, dans ce volume, de tracer les lois principales de la météorologie et d'indiquer comment une étude fort simple permet de faire des observations utiles ; nous aurons tiré la plus belle récompense qu'il nous soit donné d'ambitionner si nous avons pu amener quelques observateurs zélés à l'étude de cette science, dont l'utilité et les applications pratiques s'étendent à la collectivité des peuples.

La météorologie, comme toutes les sciences nouvelles, ouvre un vaste champ aux recherches, et les travaux de ceux qui se consacrent à son étude produisent toujours un résultat inattendu, une découverte intéressante.

II. — *Variations des phénomènes suivant les climats.*

Les variations du ciel de nos climats sont bien différentes, suivant les régions où elles se produisent. Dans les contrées où le ciel est toujours pur, où l'air calme fait à peine balancer la cîme des grands arbres, les orages les plus violents se préparent. Les tempêtes sont loin, en effet, de naître sur les côtes où elles se déchaînent ; elles viennent de pays souvent fort éloignés et détruisent nos récoltes, après avoir parfois ravagé des continents tout entiers.

Les climats sont tous dans une dépendance dont l'étude est des plus attrayantes et permet de poser des lois générales aux perturbations aériennes.

L'homme, aussi bien que les animaux, dépend du climat qu'il habite ; son bien-être et son existence même sont liés intimement avec la chaleur et la lumière qu'il reçoit du soleil. La vie, pour nous humains, ne peut se conserver que dans des limites fort restreintes : sous l'influence d'un climat trop froid, notre sang se glace, et la vie finit par abandonner notre corps engourdi ; sous un ciel trop chaud, la fièvre fait couler dans nos veines un sang trop altéré qui, épuise et qui brûle nos organes.

La chaleur est une des nécessités de notre existence ; une partie est utilisée dans l'exercice de nos organes ; l'autre sert à entretenir en nous une température constante. La température moyenne de notre corps est d'environ 37°, elle se maintient à peu près à cette limite dans les régions glacées du pôle ou sous le climat brûlant de l'équateur.

Cette température moyenne est loin d'être obtenue de la même façon par les Esquimaux ou par les habitants des contrées équatoriales. Dans les zones glaciales, nous perdons, par le rayonnement et le contact de l'air froid, des quantités considérables de chaleur. Pour réparer ces pertes notre organisme réclame une alimentation riche en carbone (l'huile ou l'alcool). Lorsque nous sommes impuissants à produire une quantité de chaleur égale à celle que nous avons perdue, un engourdissement profond nous gagne, un sommeil invincible nous étreint et la mort lente finit par accomplir son œuvre. Sous l'Équateur, au contraire, la nutrition peu développée laisse toute la puissance calorique influer sur les fonctions vitales, excite leur action et une fièvre croissante amène enfin la mort.

Ces différences de température nous sont surtout sensibles lorsque notre corps n'a pas eu le temps de s'acclimater à leur variation. Telle eau, qui nous paraît froide en été, nous semble chaude en hiver. On peut, du reste, s'en rendre facilement compte. La température des caves profondes est sensiblement constante, elle varie de 10 à 12 degrés dans notre pays; si on y pénètre en été, on sent un froid très appréciable, égal en intensité à la différence de cette température avec celle de l'extérieur; en hiver, au contraire, on y trouve une agréable chaleur, car elle succède à un froid piquant.

Ces variations accidentelles se font sentir d'une manière bien plus remarquable sur les races que sur les individus. Si un sujet quelconque peut se plier aux conditions variables de la température, les races laissent constater des modifications profondes, résultant des changements du climat de la région qu'elles occupent (1). Suivant les conditions d'habitabilité d'un pays, les hommes qui y naissent participent à ses avantages ou à ses rigueurs; il y a donc là un phénomène météorologique, l'in-

(1) Voyez J. Rochard, *Nouveau Dictionnaire de Médecine*, article *Acclimatement*, Paris, 1864, tome I, et article *Climat*, Paris, 1868, tome VIII.

fluence du climat, qui se fait sentir et qui apporte un élément utile dans la grande question de la sociologie. Un climat est la résultante de plusieurs forces différentes qu'on doit analyser isolément. La chaleur, la lumière, l'humidité, les vents interviennent pour constituer une moyenne de température, d'humidité qu'il est utile de connaître.

A ces causes de changement dans le climat d'une même contrée, viennent s'ajouter mille raisons : les mouvements divers de la terre, changeant sa position par rapport au soleil, la forme des continents, leur distribution à la surface du globe, etc.

Le véhicule, le lien de tous ces phénomènes, c'est l'atmosphère : c'est à cela que son étude doit l'intérêt et le charme qui la caractérisent.

Les moindres remarques, dans cette belle science du temps, amènent des conclusions intéressantes. Les physiciens, après bien des discussions, ont fini par admettre que la température des espaces célestes est, malgré l'activité des rayons solaires, d'une centaine de degrés au-dessous de la température de la glace fondante.

La terre serait un globe absolument glacé, si l'atmosphère qui l'entoure ne la protégeait contre ces froids effrayants. Le rôle de l'air, dans ce cas, est bien simple. Il laisse pénétrer les rayons solaires jusqu'à nous, mais s'oppose en partie à leur retour vers le soleil, ce qui fait que notre atmosphère nous permet de recevoir la chaleur qui nous est nécessaire et nous oblige à la conserver.

Cette chaleur s'accumule dans les basses couches de l'atmosphère et s'élève peu ; aussi trouve-t-on, même dans les régions chaudes de la terre, des montagnes peu élevées dont le sommet est couvert de neige. Une preuve matérielle peut encore être tirée des ascensions des aéronautes ; l'étude de leurs observations a permis de construire des courbes indiquant les lois de décroissance de la température.

III. — *La Prévision du Temps.*

Le point le plus intéressant pour la plupart des observateurs, c'est la pratique de la météorologie et surtout la prévision du temps. A toutes les époques, l'homme a désiré savoir ce qui l'attendait le lendemain. En météorologie, ce désir peut être contenté ; cette science nous permet d'interpréter les faits qui nous environnent, nous fournit les éléments de notre prédiction et nous amène à prévoir même les variations de l'atmosphère.

Il y a des météorologistes qui s'occupent spécialement de la discussion générale d'une grande masse d'observations ; en compulsant de nombreux documents, ils établissent la marche d'un phénomène, point par point, et pénètrent jusqu'à sa constitution intime : ce n'est pas pour ceux-là que nous écrivons ; ils ont à leur disposition les beaux travaux qui ont amené les progrès encore récents de la météorologie, et ils apportent, chaque jour, des éléments nouveaux à la découverte de ces lois que nous étudierons ; c'est, au contraire, l'étude de leurs travaux que nous présentons à ceux qui, par goût ou par nécessité, croiront utile ou intéressant de s'initier aux préceptes de la météorologie.

Nous indiquons ici l'exposé des lois de la météorologie, nous étudions ensuite le principe des instruments qui servent à apprécier les éléments des variations atmosphériques, et nous terminons par des instructions simples qui permettront de faire des observations intéressantes.

Comme nous le disions en commençant, l'étude des lois météorologiques ne nécessite aucunes connaissances antérieures; pour les comprendre il n'est besoin ni de mathématiques ni de physique, et l'attention seule suffit; c'est pourquoi nous espérons rendre quelques services en mettant toutes les personnes qui aiment l'étude à même de prévoir le temps à venir à l'aide des pronostics tirés de l'indication des instruments d'observation et même des remarques que peut fournir une longue expérience.

Cette prévision qui procure une satisfaction personnelle ou un intérêt individuel devient le point de départ des recherches générales de la météorologie.

Si le sujet que nous allons développer est vaste et difficile, en raison de la masse de matériaux qu'il nécessite et de la nature délicate des observations, son importance lui a gagné le concours d'un grand nombre d'adeptes et chaque observateur, en enregistrant un phénomène, peut se dire qu'il concourt à assurer la richesse du pays en sauvant les récoltes compromises ou en assurant la sécurité de la navigation.

Les conséquences heureuses qui résulteraient de

la possibilité de prévoir le temps, assez longtemps à l'avance, sont tellement importantes qu'elles seraient dignes de tenir la première place parmi les problèmes dont les savants doivent se proposer l'étude.

Presque tout le monde est intéressé aux progrès de la météorologie. Si la prévision du temps était plus avancée, le laboureur, le vigneron, le jardinier, prévenus de la marche de la température sauraient utiliser ces renseignements et en faire bénéficier leur culture. Les récoltes, à l'abri des fléaux qui les ravagent, augmenteraient pour les cultivateurs, au moins d'un tiers, le bénéfice qu'ils tirent de leurs produits. Dans combien d'autres circonstances une prédiction certaine du temps aurait un intérêt capital ! Fera-t-on des constructions à une époque où les pluies ne doivent pas cesser ? Expédiera-t-on des bateaux si l'on sait que les cours d'eau qu'ils doivent suivre vont déborder ? Aura-t-on la folie de s'embarquer pour un long voyage si l'on sait qu'un orage va éclater ? Dans les mille occupations de la vie, au point de vue du bien-être personnel, ne sera-t-on pas heureux de remettre une partie de plaisir ou de chasse, si l'on sait que le jour fixé doit être pluvieux ?

Il n'est donc pas de situation dans la vie qui ne soit plus ou moins liée à la météorologie. La santé même est en relation constante avec les variations atmosphériques.

Si l'on parvient à réunir des données suffisantes sur les phénomènes divers qui agitent l'atmosphère, peut-être arrivera-t-on à formuler un petit nombre de lois fondamentales et à en tirer des pronostics certains du temps qu'il fera à une époque déterminée.

De tels perfectionnements amèneraient avec eux des avantages incalculables, on pourrait les ranger au nombre des plus belles conquêtes de l'esprit humain.

Nous ne sommes pas si éloignés du but qu'on pourrait le croire : de grands centres météorologiques recueillent des observations innombrables et déjà des lois fixes permettent de connaître quelques-uns des résultats du problème si compliqué, dont la solution est la *Prévision du Temps*.

Que chacun porte donc intérêt à ces études, y participe de tout son pouvoir et la météorologie progressera rapidement. Dans cette science, toutes les observations sont utiles, les remarques les plus vulgaires amènent les découvertes les plus inattendues. Chacun voit donc devant soi un champ aussi nouveau que fertile, où une large récolte de résultats glorieux ou utiles récompense les travaux de tous ceux qui ont fait un effort pour les recueillir.

CHAPITRE PREMIER

ORIGINE ET HISTOIRE DE LA MÉTÉOROLOGIE

I. — *Connaissances des anciens.*

L'observation des variations du temps a dû être la première que les hommes aient pu faire grâce à leur intelligence. Vivant presque nus, exposés aux intempéries des saisons, les habitants du globe durent chercher à s'y soustraire et à se créer un bien-être relatif. Plus tard, lorsque l'agriculture eut fait sortir du sein de la terre les récoltes nécessaires à l'alimentation, on fut amené à chercher des indications non seulement dans la succession des saisons, mais aussi dans l'apparition des phénomènes qui dévastaient les moissons ou aidaient au contraire à féconder le sol. L'industrie s'étant développée réclama un échange plus actif des productions propres à chacun des peuples et le cabotage prit naissance; il fallut, pour guider les marins, étudier l'atmosphère et connaître les signes précurseurs des orages.

Un obstacle invincible vint, dès le début, entraver l'étude de la météorologie; les anciens, dans leur ignorance, attribuaient à des divinités l'influence de tous les phénomènes qu'ils ne comprenaient point; sentant leur faiblesse, ils tentaient de rendre les puissances célestes favorables à leurs vœux par des offrandes et des sacrifices, et d'apaiser les génies malfaisants qui soulevaient la tempête.

Ces idées ne permettaient point d'étudier les principes mêmes des phénomènes, et retardaient ainsi l'époque des véritables observations, mais elles laissaient le champ libre aux remarques qui précédaient l'apparition de ces changements. Aussi, l'intérêt des premiers hommes, d'accord avec leur curiosité, les avait-il conduits de bonne heure à la connaissance des signes précurseurs de certaines variations. C'est pourquoi il n'existe pas de science qui, comme celle-ci, ait donné naissance à des dictons, des maximes, des proverbes, aussi nombreux, aussi répandus, et dont le souvenir se soit perpétué depuis l'antiquité jusqu'à nos jours (1).

Malheureusement, si ces procédés empiriques permettaient dans quelques rares occasions de prévoir le temps, ils laissaient une trop large place aux incertitudes. Une autre raison s'opposait aussi au développement des recherches systématiques. Les croyances bizarres des anciens, au sujet des phénomènes, s'unissaient à d'autres superstitions. Ils mélangeaient dans leurs prévisions les phénomènes de l'atmosphère avec l'observation des astres ; l'influence de certaines étoiles, l'importance qu'ils attachaient à leurs positions respectives, les pronostics qu'ils tiraient de l'apparition des météores les amenaient aux opinions les plus singulières.

La première tentative pour ramener à des règles fixes les prévisions du temps semble avoir été faite par Aristote. Avant lui, l'astronomie et la météorologie, confondues ensemble, étaient plongées dans les mêmes erreurs ; il tenta de faire de la connaissance du temps une science distincte ; ajoutant ses observations à celles de ses devanciers il sut, avec son profond génie, faire ressortir de leur discussion des idées pleines de justesse. L'opinion qu'il professait au sujet de la rosée montre combien il s'était rapproché des théories les plus éclairées de notre siècle. Cependant, son ignorance de la constitution physique et chimique de l'atmosphère l'entraîna dans les hypothèses les plus malheureuses.

(1) Voy. *Proverbes et Dictons agricoles de France*, Paris, 1872.

Théophraste, disciple d'Aristote, ne fit que recueillir et classer les opinions admises sur les phénomènes de l'atmosphère. La méthode qu'il suivit prouve qu'il s'adressait plutôt au peuple qu'aux savants et qu'il avait cherché les règles d'après lesquelles on pouvait prédire un phénomène sans essayer d'en expliquer la cause.

L'œuvre de Théophraste devint le seul guide en météorologie et, pendant bien longtemps, on ne fit que reproduire ses écrits sans les modifier sensiblement. Ils ont certainement été suivis par Aratus, lorsqu'il publia ses *Pronostics*. Le souvenir de cet ouvrage s'est conservé jusqu'à nous, car Cicéron ne dédaigna pas de le traduire en vers ainsi qu'un autre traité du même auteur, intitulé *les Phénomènes*. Un fragment de ces poésies, qui nous a été conservé, nous donne une preuve des faibles connaissances des anciens en météorologie.

Ces mêmes superstitions se conservèrent jusqu'au temps où Virgile ne craignait pas de reproduire dans ses vers les présages auxquels ses contemporains ajoutaient une foi pleine et entière et qui formaient alors le fond des connaissances météorologiques.

Lucrèce et Pline avaient apporté quelques faits nouveaux et avaient tenté d'en donner la théorie, mais ces faits étaient entourés de superstitions si absurdes qu'il était impossible même à des hommes de cette valeur d'arriver à démêler les observations utiles des erreurs qui les enveloppaient.

II. — *Les Prédictions des Almanachs.*

Ce mélange de superstitions et d'observations qui caractérise les connaissances des anciens a continué de se produire jusqu'à la découverte des instruments de la physique moderne et n'a pas complètement disparu dans nos campagnes. Il est juste de dire que les observations tirées des signes du temps avaient déjà donné d'utiles indications aux agriculteurs et aux marins. Nous en rappellerons quelques-unes que l'usage a conservées et qui semblent correspondre à la réalité des faits.

Ces présages, avec les prédictions qu'on prétend tirer de l'atmosphère à certains jours de l'année, se sont fortement enracinés dans l'esprit populaire ; c'est ce qui explique le succès de certains almanachs qui, joignant aux prévisions météorologiques l'annonce des événements politiques, ont su trouver chez tous les peuples une aveugle confiance et un immense débit.

Les principaux de ces recueils sont dus à Nostradamus et à Mathieu Laensberg ; leurs prédictions, refaites chaque année par leurs successeurs, ne cessent de tromper le public. Les Anglais, malgré leur esprit pratique, et peut-être même en raison de cette qualité, ont été les plus dupés, ils ont vu se succéder : Galbury, Partridge, dont les almanachs datent de 1643, Francis Moore, le bonhomme Robin, qui furent enfin détrônés par le *British*

Almanac, en 1828. En France, rien de semblable, malgré les *Annuaires* que publient les Sociétés savantes, on voit fleurir l'*Almanach de Liège, des Bergers, le Messager boiteux* et autres brochures aussi absurdes. Il serait désirable qu'un ministre prît l'initiative de supprimer toutes ces prédictions mensongères, pour leur substituer un *Almanach français* qui ferait justice de toutes les superstitions, de toutes les sottises que propagent les almanachs actuels.

La météorologie, pendant le moyen âge, retomba dans l'obscurité et fut constamment soumise aux mêmes erreurs que l'astrologie ; on désigna même sous le nom de *météoronomancie* l'art de prédire l'avenir à l'aide du tonnerre, des éclairs ou des météores. Cette superstition est fort ancienne et se retrouve aux premiers âges de l'histoire des Romains. — Toutefois, ces connaissances imparfaites que les anciens avaient en météorologie étaient exploitées avec succès par les sorciers, les devins ou autres charlatans de même espèce. Il a fallu l'intervention des découvertes de la physique et de la chimie modernes pour faire naître de cet ensemble de superstitions un corps de doctrine.

La découverte de la boussole, dont la direction vers le pôle était connue des Chinois, au dire ce Klaproth (1) dès l'année 2625 avant Jésus-Christ, est mentionnée par Guyot de Provins en 1205 après Jésus-Christ et paraît avoir été appliquée à la navigation par Gioja d'Amalfi vers le XIIIe siècle. La déclinaison de l'aiguille aimantée, dont Kla-

---

(1) Klaproth, *Lettres sur l'invention de la boussole.* Paris, 1834.

pproth fait remonter la découverte à l'année 1111, mais dont l'étude systématique est due à Helli-brand qui, en 1634, avait constaté, par la comparaison d'une centaine d'années d'observations, la variation lente et progressive, constituaient déjà de sérieux progrès dans la voie de l'observation.

L'Académie del Cimento contribua puissamment à répandre l'usage des instruments; elle employait déjà le thermomètre à alcool et l'hygromètre. Drebbel, en 1638, construisit un thermomètre à air; on lui rapporte généralement l'invention de cet instrument bien qu'il soit à peu près certain qu'il en existait déjà à l'époque où il fit connaître son idée. Ce thermomètre, perfectionné par Fahrenheit et par Réaumur, permit d'apprécier avec certitude les variations de la température.

Le baromètre, dû à Torricelli, donna la mesure du poids des diverses couches d'air; dès son invention même (1643), Torricelli avait remarqué que le mercure s'y tenait plus bas à l'approche de la pluie. Descartes, en découvrant la variation de la pression atmosphérique et Pascal en faisant faire par son beau-frère, M. Périer, la première expérience tendant à prouver l'abaissement du baromètre à mesure qu'on s'élève au-dessus du sol, ouvraient la voie aux véritables études météorologiques.

La météorologie était déjà bien établie, elle possédait des instruments assez sensibles pour qu'il fût possible de commencer des recherches systématiques. L'Académie des sciences et la Société royale de Londres furent le berceau des observations suivies qui ont été d'un si grand secours dans les progrès de la connaissance de l'atmosphère.

En France, ce fut l'astronome Picard qui s'en occupa le premier vers 1666. En 1688, l'Académie régularisa ces observations et, depuis cette époque, un de ses membres fut chargé de tenir le registre météorologique. Successivement, le soin en revint à Sédileau, à Lahire (père et fils), à Maraldi (oncle et neveu), à Cassini, à Fouchy, à l'abbé Chappe.

Depuis la fondation de l'Observatoire de Paris, ces recueils ont été tenus avec soin par les membres du bureau des longitudes, puis par les savants collaborateurs de M. Mascart au bureau central de météorologie.

Les découvertes les plus heureuses n'ont cessé de se produire depuis cette époque. L'élan était donné en faveur de la météorologie : des sociétés particulières furent fondées sous le patronage de Borda et de Lavoisier. En 1780, l'électeur palatin Charles-Théodore fondait la société météorologique de Mannheim ; elle dura une douzaine d'années, puis s'éteignit. En 1801, on avait institué en France, au ministère de l'intérieur, un service de *statistique météorologique* qui dura jusqu'en 1809. De nos jours, on a tenté bien souvent de créer un Institut international de météorologie, mais cette idée, plusieurs fois soumise aux délibérations des congrès tenus par les météorologistes a été définitivement abandonnée.

La météorologie est née avec les premières observations sérieuses ; or, depuis la seconde moitié du siècle dernier, nous possédons des documents réunis de tous les points du globe. Lavoisier avait indiqué, dans quelques notes remarquables sur la météorologie, la possibilité de prévoir le temps en

éétablissant un grand nombre d'instruments don-
nnant des résultats comparables. Dans une de ces
nnotes, il disait :

La prédiction des changements qui doivent arriver au
temps est un art qui a ses principes et ses règles, qu
exige une grande expérience et l'attention d'un physicien
très exercé. Les données nécessaires pour cet art sont :
l'observation habituelle et journalière des variations de
la hauteur du mercure dans le baromètre, la force et la
direction des vents à différentes élévations, l'état hygrométrique de l'air.......

.... Avec toutes ces données il est presque toujours
possible de prévoir un jour ou deux à l'avance, avec une
très grande probabilité, le temps qu'il doit faire ; on pense
même qu'il ne serait pas impossible de publier tous les
matins un journal de prédictions qui serait d'une grande
utilité pour la Société.

Avec son profond génie, Lavoisier avait compris tout ce qu'on pouvait tirer de l'observation,
mais bien qu'il ait manqué des moyens d'action que
nous possédons aujourd'hui et qu'il ait disparu lui-
même dans la tourmente révolutionnaire, son idée
féconde devait être reprise plus tard dans d'excel-
lentes conditions. La période enfiévrée où Lavoisier
enfanta ses projets ne permettait pas de les mettre
à exécution ; en effet, la France, pendant les dernières années du XVIIIe siècle et le commencement du
XIXe, était peu disposée aux études météorologiques.

L'idée, toute française, de Lavoisier fut développée en Allemagne. Vers le commencement du
siècle, de Humboldt, Dove, Kaemtz réunirent de
nombreux documents et donnèrent les premières
lois générales de la météorologie.

III. — *Impulsion donnée par le lieutenant F. Maury à la météorologie maritime.*

En 1831, un simple aspirant de la marine américaine, F. Maury, vint donner une nouvelle et vigoureuse impulsion à l'étude de l'atmosphère. Il avait remarqué de curieux phénomènes dans la marche du baromètre, alors qu'il franchissait le cap Horn sur le « *Falmouth* ». Il en fit l'objet d'un mémoire fort intéressant. Depuis cette époque, il ne cessa de recueillir des documents pour préparer la remarquable théorie qui devait illustrer son nom.

Il y avait un intérêt capital, à l'époque où Maury publia ses travaux (1), à abréger sensiblement la route des navires. Un bateau à vapeur, négligeant les courants de l'air, peut prendre sur la sphère terrestre la ligne la plus courte pour atteindre le port de débarquement, mais un navire à voile est obligé de chercher les vents les plus favorables afin d'en profiter et de gagner ainsi, sans trop s'écarter de la ligne directe, le point d'arrivée.

Pour y parvenir, il était nécessaire de connaître, pour tous les points de l'Océan, dans la limite des régions ordinairement parcourues, les vents favorables ou dangereux, afin d'utiliser les premiers et d'éviter les seconds.

Maury eut l'idée de recueillir les observations météorologiques faites à bord de tous les navires,

(1) F. Maury, *Géographie physique de la mer*, 2ᵉ édition, Paris, 1861.

observations jusqu'alors inutilisées. Une première démarche amena, en 1842, le gouvernement des Etats-Unis à lancer une circulaire demandant à tous les commandants de bâtiments de donner communication de leurs observations afin qu'on pût dresser la carte des vents de l'Atlantique. Ce premier appel fut sans résultat. Maury, sans se décourager, résolut d'attirer l'attention de ses concitoyens sur la méthode qu'il proposait et de s'adjoindre le concours de tous les officiers de la marine américaine.

Voici comment il se décida à forcer l'attention publique. A l'aide de tous les renseignements qu'il avait pu recueillir, il avait déterminé une route beaucoup plus courte que celles en usage. Suivant ses indications, le capitaine Jackson, sur le *Wright*, partit de Baltimore, le 9 février 1848 ; ce navire coupait l'Équateur 24 jours après son départ, tandis que cette traversée n'en exigeait pas moins de 41 auparavant.

Ce résultat remarquable fut aussitôt répandu et Maury put recueillir la juste récompense de ses études. Il rêvait cependant de plus hautes destinées pour sa théorie qu'il voulait rendre universelle. Il obtint qu'un Congrès international se réunît sur l'invitation de son gouvernement. Ce Congrès se tint à Bruxelles, en 1853, et lui permit d'entraîner à sa suite les météorologistes les plus distingués. Il se vit en possession d'un nombre énorme d'observations, et compléta ses cartes qui furent reçues avec empressement par toutes les nations.

La météorologie maritime était fondée et devait fournir les résultats les plus féconds ; en effet, si l'on songe que l'eau couvre près des trois quarts de la surface du globe et qu'une faible partie du quatrième quart nous est seule connue, on ne s'étonnera pas d'apprendre que la théorie de Maury apportait un complément heureux aux connaissances acquises.

Depuis la conférence de Bruxelles, les sociétés météorologiques se sont développées.

Les gouvernements eux-mêmes n'ont rien négligé pour assurer les progrès de cette science. Dans notre pays, le service des observations météorologiques était compris dans le fonctionnement de l'Observatoire. Un décret, en date du 14 mai 1878, a détaché la section météorologique et en a fait un service distinct. « Ce service comprend, dit le décret, l'étude des mouvements de l'atmosphère, les avertissements météorologiques aux ports et à l'agriculture, l'organisation des observatoires météorologiques et des commissions régionales ou départementales, la publication de leurs travaux et l'ensemble des recherches de météorologie ou de climatologie. »

C'est au bureau central que sont envoyés tous les documents météorologiques adressés au ministère de l'Instruction publique.

Déjà, en 1871, à la suite d'un rapport adressé par M. Belgrand au conseil de l'Association scientifique, cette compagnie résolut d'entreprendre la publication d'un *Bulletin météorologique* dont la plus grande partie devait être consacrée à donner jour par jour la quantité de pluie tombée. Le but principal de cette publication était de rassembler les observations relatives au régime naturel des eaux et d'étendre aux divers bassins de notre pays les études qui avaient été faites en 1854 pour le bassin de Paris. Ce *Bulletin* a commencé sous la direction de M. Belgrand le 1er décembre 1871, et a compté parmi ses collaborateurs MM. Lemoine et Rayet, puis M. Fron.

Depuis 1857, le *Bulletin international* que publiait la section de météorologie distribuait à plus de 1500 communes de France des renseignements utiles; fondé par Le Verrier, il a été repris et amélioré par le directeur du bureau central de météorologie.

Le Verrier, avec son puissant génie, avait créé dans sa tête le service que Lavoisier avait proposé. A la suite de la funeste tempête qui ravagea l'Europe, le 14 novembre 1854, il présentait ainsi le projet d'un réseau télégraphique international : « signaler un ouragan, dès qu'il apparaîtra en un coin de l'Europe, le suivre dans sa marche au moyen du télégraphe et informer en temps utile les côtes qu'il pourra visiter, tel devra être le dernier résultat de l'organisation que nous poursuivons. Pour atteindre ce but, il sera nécessaire d'employer toutes les ressources du réseau européen, de faire converger les informations vers un centre principal d'où l'on puisse avertir les points menacés par la progression de la tempête. »

Grâce à l'énergie et à l'activité de l'illustre directeur de notre Observatoire, dès 1859, le réseau était constitué et s'étendait sur toute l'Europe, transmettant les dépêches de la Russie à la Méditerranée, de Moscou à Lisbonne, avec des postes détachés à Alger, à Tarifa et à Terre-Neuve.

Depuis cette époque, la météorologie a pris un caractère de certitude inconnu jusqu'alors ; le système de correspondance télégraphique rend des services signalés et a su grouper un grand nombre de stations autour d'un bureau central. On peut aujourd'hui, grâce à ces avertissements mutuels, prévenir à temps les pays qui seront frappés par un fléau, c'est déjà un point acquis ; mais le résultat le plus heureux, c'est le développement que la météorologie a pris dans ces dernières années ; ce sont les observateurs qu'elle a groupés, car, ainsi que le disait si justement le Directeur de l'Observatoire, M. Delaunay : « La météorologie n'est plus une science personnelle dont un savant poursuit le développement dans le silence du cabinet, c'est en quelque sorte la nation tout entière étudiant le sol qu'elle cultive, le ciel qui seconde ou déconcerte ses efforts, les produits dont la nature est le mieux appropriée aux uns et aux autres, la répartition de cultures qui donne le plus de probabilités de profits à l'ensemble du pays et à chaque travailleur en particulier. »

CHAPITRE II

ÉTUDE GÉNÉRALE DE L'ATMOSPHÈRE

I. *Propriétés physiques.*

L'atmosphère est cette enveloppe gazeuse qui entoure notre globe : c'est elle qui nous permet de respirer, c'est elle qui nous fournit les éléments essentiels de notre existence.

Son rôle bienfaisant est de maintenir sur la terre une température uniforme en s'opposant à la perte de la chaleur que le soleil nous envoie. L'étude de l'océan aérien est l'une des plus attrayantes et des plus fécondes en découvertes utiles et pratiques.

Les vents, la pluie, les orages et les tempêtes sont les curieux phénomènes qui prennent naissance dans son sein. Nous lui devons aussi, en dehors de ces variations, les merveilleuses clartés des couchers de soleil et les féeriques illuminations qui éclairent les terres glacées des régions arctiques.

On est en droit de se demander comment il se fait qu'une science aussi immédiatement accessible à tous soit restée généralement aussi peu cultivée.

Ce fait tient à deux causes que nous allons exposer en quelques mots :

La météorologie n'est pas, à proprement parler, une science distincte, elle emprunte à toutes les autres quelques-uns de leurs principes.

L'astronomie, en nous faisant connaître les mouvements des corps célestes, conduit à apprécier leur action sur l'atmosphère et sur les eaux ; les théories des vents généraux, celle même des marées en découlent nécessairement.

La chimie nous apprend la nature et les propriétés des gaz qui composent l'air que nous respirons.

La mécanique nous indique les lois générales des grands courants d'air et des nuages.

La physique enfin, dont la météorologie dépend absolument, puisqu'elle en est souvent considérée comme une branche importante, nous permet d'établir les lois de la formation des vapeurs et de leur condensation ; elle nous donne l'explication des nuages, des brouillards et de la pluie. Les effets du rayonnement ne nous laissent aucun doute sur la théorie de la rosée et des gelées blanches. L'optique est intervenue pour nous indiquer les causes des apparences lumineuses connues sous le nom d'*arc-en-ciel*, de *halo*, de *parhélie*, etc. C'est encore à la physique que nous devons les principaux instruments qui nous fournissent les indications nécessaires à l'étude des phénomènes aériens.

La seconde cause tient à ce que l'existence de l'air, invisible et impalpable, a été ignorée pendant bien des siècles.

Aristote et Lucrèce avaient bien soupçonné que l'air que nous respirons devait être pesant, mais il fallait les expériences de Torricelli et de Pascal pour en donner expérimentalement la preuve.

C'est seulement vers la fin du xviii° siècle que des observations régulières furent entreprises et que la météorologie sortit de la voie empirique qu'elle avait suivie jusque là pour aborder les grands problèmes qui devaient la conduire à la connaissance du temps.

Nous allons procéder rapidement à l'étude physique de cette atmosphère dans laquelle se produisent tous les phénomènes dont l'étude forme l'ensemble de la météorologie.

Aristote soupçonna le premier que l'air était pesant et fit la première expérience sérieuse pour vérifier cette hypothèse. Ayant pris une outre, il la pesa d'abord vide, puis après l'avoir gonflée d'air.

A sa grande surprise, l'observation ne vint pas confirmer ses prévisions; il pensait que l'outre devait être plus pesante dans le second cas que dans le premier; or, il n'en était rien, l'outre n'avait pas changé de poids. L'explication de ce phénomène est bien simple et vient de suite à l'esprit. L'outre, gonflée d'air, déplaçait un volume d'air ambiant, égal au sien, et perdait d'un côté ce qu'elle gagnait de l'autre.

Pendant tout le moyen âge, la philosophie d'Aristote fut considérée comme un guide sûr et infaillible et l'on admit, à quelques rares exceptions près, que l'air n'était point pesant.

Il faut arriver presque jusqu'à la seconde moitié du xviie siècle pour rencontrer une expérience décisive. Vers 1643, Torricelli faisait la remarquable expérience qui est connue sous son nom.

Les essais d'Otto de Guericke avec la machine pneumatique vinrent lever tous les doutes et prouver d'une façon irréfutable le poids de l'air. Pour répéter cette expérience, on prend un ballon de verre, muni d'un robinet d'une capacité de 30 décimètres cubes environ, on le pèse exactement, puis on le visse sur le plateau d'une machine pneumatique et on fait le vide. En pesant ensuite ce ballon, on trouve que son poids a diminué; si l'on ouvre le robinet de la machine, l'air rentre en sifflant et l'équilibre se rétablit.

Ces deux expériences ont permis d'affirmer que l'air est pesant.

On a déterminé, dans certaines conditions que nous étudierons plus loin, que le poids d'un litre d'air sec est environ de 1^{gr} 3.

La densité de l'air varie avec la hauteur de la couche considérée; or, comme l'air se condense proportionnellement à la pression qu'il éprouve, sa densité ira en décroissant de bas en haut. Si toutes les couches d'air avaient la même densité on pourrait facilement déterminer la hauteur de l'atmosphère. On sait, en effet, que l'air ordinaire, pris à la surface du globe, pèse environ douze cents fois moins que le mercure; or, si la densité de la colonne d'air restait invariable, elle serait représentée par $1200 \times 0^m76 = 912$ mètres, c'est-à-dire que les moindres élévations la dépasseraient de beaucoup.

Mais comme, au contraire, la pression diminue rapidement, on est conduit à chercher d'autres procédés d'estimation pour déterminer la hauteur de l'atmosphère.

Képler, d'après l'observation des crépuscules, la trouvait égale à 72,000 mètres; les physiciens, basant leur estimation sur la raréfaction de l'air dans une machine pneumatique, ne la croient point inférieure à 70,000 mètres. Mairan lui donnait 200 lieues; Biot lui assignait, comme limite supérieure, 23,000 mètres.

Quoi qu'il en soit, on accepte comme valeur moyenne de cette hauteur 70 à 80 lieues; à cette élévation, les dernières couches d'air ont une si faible densité que leur influence est nulle. La hauteur que nous indiquons n'est qu'une moyenne, car elle est variable avec la latitude. En effet, si la terre était immobile, son atmosphère serait sphérique; mais comme elle tourne, en entraînant la masse d'air qui l'entoure, la force centrifuge se fait surtout sentir à l'équateur, il s'en suit que la forme de l'atmosphère est celle d'un *sphéroïde aplati* vers les pôles. La chaleur solaire détermine une dilatation considérable à l'équateur, dilatation qui vient accentuer encore la différence des axes du sphéroïde : d'après les calculs de Laplace ces axes seraient entre eux comme 2 est à 3.

La couleur de l'atmosphère n'est qu'un jeu des rayons lumineux. Lorsque le soleil se trouve près de l'horizon, la couche d'air que doit traverser la lumière est plus épaisse que lorsque cet astre est à notre zénith ; d'autre part, les rayons rouges étant moins réfrangibles que ceux de la partie supérieure du spectre, on comprend les colorations brillantes du lever et du coucher du soleil, car les rayons bleus ou violets sont réfléchis ou absorbés par l'atmosphère.

Lorsqu'on s'élève à une grande hauteur, dans les ascensions aérostatiques, par exemple, on peut constater que le ciel est d'un noir foncé et n'est pas bleu comme on pourrait le croire. La coloration de l'atmosphère, même lorsqu'elle est observée de la terre, est variable : plus foncée au zénith, elle s'éclaircit vers l'horizon.

II. *Propriétés chimiques.*

Quant aux propriétés chimiques de l'air, on sait que l'oxygène et l'azote composent presqu'en totalité l'atmosphère terrestre. Ces deux gaz se trouvent mélangés dans la proportion suivante : sur 1,000 volumes d'air on trouve exactement 792 volumes d'azote et 208 d'oxygène. Des analyses nombreuses permettent d'affirmer que cette composition ne varie pas ; en effet, l'air, recueilli à divers endroits et à des hauteurs différentes, a toujours présenté la même proportion dans le mélange. Le rôle de ces deux gaz est bien différent, l'oxygène est le principe de la vie, il entretient la combustion aussi bien dans nos organes que dans nos foyers, tandis que l'azote est le modérateur de cette activité.

Lorsqu'on plonge un animal dans l'oxygène, tout son organisme subitement surexcité s'y altère rapidement : l'azote tempère cette action en l'amoindrissant. Ce gaz est encore un des éléments constitutifs de nos tissus. Les plantes se l'assimilent et, sous l'action de la chaleur et de la lumière, y puisent les principes de leur existence, assurant ainsi une nourriture nécessaire à nos animaux.

La vapeur d'eau vient modifier considérablement l'état de ces deux gaz. Son rôle est des plus variables. Elle entre pour une large part dans les perturbations locales qu'on remarque à la surface de la terre. Un nuage léger suffit à intercepter les rayons lumineux, son ombre même produit des variations sensibles dans la température, variations qui se traduisent par des courants d'air. Tyndall a fait remarquer que la vapeur d'eau laisse moins facilement passer la chaleur et la lumière que l'oxygène et l'azote. Ces deux gaz sont traversés, presque sans obstacle par les rayons du soleil, mais ils s'opposent faiblement au rayonnement. La vapeur d'eau, au contraire, forme un manteau plus difficile à pénétrer et conserve à la terre une chaleur normale.

La proportion de vapeur d'eau que l'air contient et l'apparence sous laquelle elle se manifeste à nos yeux, sont des plus variables. C'est cette vapeur qui forme les nuages, les brouillards et la pluie. La chaleur étant l'agent qui donne naissance à la vapeur d'eau, on conçoit que celle-ci doit être produite en proportion de l'intensité de cette chaleur ; en effet, elle est dissoute dans l'atmosphère en quantité d'autant plus grande que la température est plus élevée.

On trouve aussi dans l'air des traces d'acide carbonique : aux doses minimes où on le rencontre (environ 25 à 30 volumes pour 100,000 volumes d'air), il ne peut avoir aucune action sur notre organisme, d'autant plus que, lorsque nous l'avons exhalé, il est utilisé par les plantes.

L'oxyde de carbone, les hydrogènes carbonés se rencontrent parfois en petite quantité dans l'atmosphère et en vicient la pureté.

III. — *Les poussières atmosphériques.*

Les gaz que nous venons d'étudier sont accompagnés fort souvent de matières ou impuretés de plusieurs sortes. Elles sont minérales ou organiques, mais dénuées d'organisation ou de vie, ou bien elles sont vivantes. Leur rôle est si important, leur connaissance d'un intérêt si général que, bien que leur étude sorte un peu du cadre que je me suis tracé, je crois utile d'en développer les principales observations.

La plupart des détails qui vont suivre sont empruntés aux belles études de M. P. Miquel (1) ainsi qu'aux travaux de M. le Dr A. Gautier.

Parmi les substances aériennes dénuées de vie, on a pu observer des azotates d'ammoniaque, des sels de soude, puis des poussières que le vent a enlevées du sol, des carbonates ou sulfates de chaux, des silices et des silicates, etc. On a recueilli aussi de petits globules irréguliers de fer ou d'oxyde de fer magnétiques qui semblent venir des espaces célestes. M. G. Tissandier en a rapporté un certain nombre de ses ascensions ; leur forme même prouve bien que la fusion s'est effectuée grâce à la haute température que leur vitesse de projection a développée.

Fig. 1. — Corpuscules ferrugineux de l'air, recueillis par M. G. Tissandier sur les tours de l'église Notre-Dame à Paris.

Ehrenberg leur attribuait une origine cosmique. Nordenskjold adopta cette hypothèse et la confirma à l'aide de ses observations sur les poussières de fer qu'il découvrit dans les neiges polaires ainsi que dans la neige des environs de Stockholm.

Outre les spécimens qu'il a rapportés de ses voyages aériens, M. Tissandier a eu l'ingénieuse idée de rechercher ces particules de fer dans les pous-

(1) Miquel, *Étude sur les Poussières organisées de l'atmosphère* (*Annales d'Hygiène*, 1879, 3e série, tome II, p. 226).

sières déposées par les vents sur les monuments
élevés, entre autres sur les tours Notre-Dame à
Paris (fig. 1).

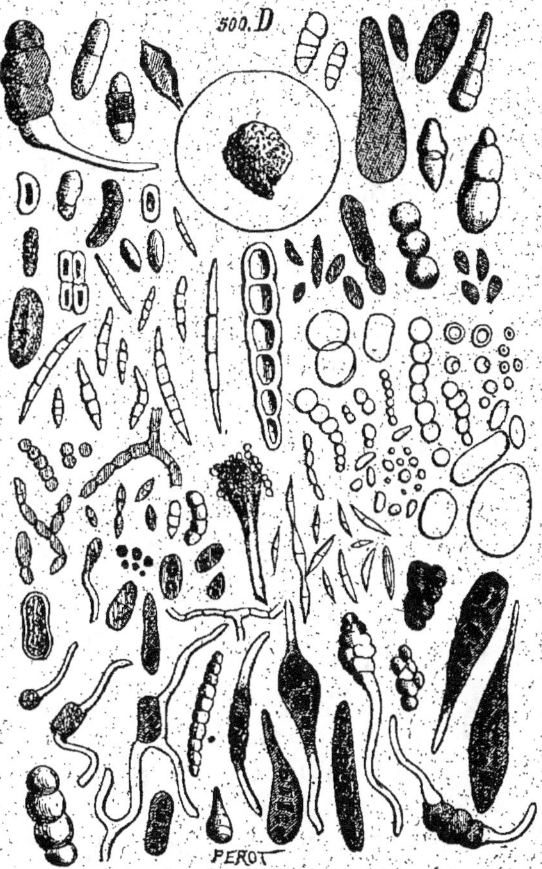

Fig. 2. — Fructifications cryptogamiques.

On a pensé que les chutes de ces globules météo-
riques pouvaient être liées, dans une certaine mesure, avec les apparitions d'étoiles filantes.

Voilà, d'une façon générale les impuretés inorganiques que l'on rencontre dans l'atmosphère.

Bien différentes et bien plus curieuses sont les poussières organiques que nous allons étudier.

Lorsqu'un rayon de soleil pénètre dans une chambre, on aperçoit des milliers de points brillants qui tourbillonnent dans une agitation perpétuelle. La connaissance de ces particules nous permettra d'en déterminer la composition.

De ces poussières, certaines sont inertes, nous venons de les voir plus haut, les autres sont organisées.

Ces dernières sont connues sous le nom de *microbes*; recueillons ces microbes sur un verre transparent, enduit d'une substance visqueuse, *glycérine* ou *vaseline*, nous les rencontrerons mêlés à des écailles de papillons, à des débris d'insectes desséchés, à des pollens de différents végétaux (fig. 2), à des filaments d'algues, etc.

La fig. 3 nous donne un exemple intéressant des matières multiples tenues en suspension dans l'air que nous respirons.

On peut remarquer en *a* des substances cristallisées possédant des formes géométriques parfaites; en *e* se trouvent indiquées de petites sphérules noires dont l'apparence rappelle les corpuscules de fer météorique que nous avons déjà vus, mais comme ces granules ne se laissent pas attirer par l'aimant, on en conclut qu'ils ont une composition différente des corps observés par M. G. Tissandier. Parmi les poussières qu'on trouve souvent dans l'atmosphère, nous devons signaler les grains d'amidon *c*, qui sont signalés au moyen de l'iode

qui les colore en violet. Sous la lettre *b* on a
rangé une série de corps tels que les débris

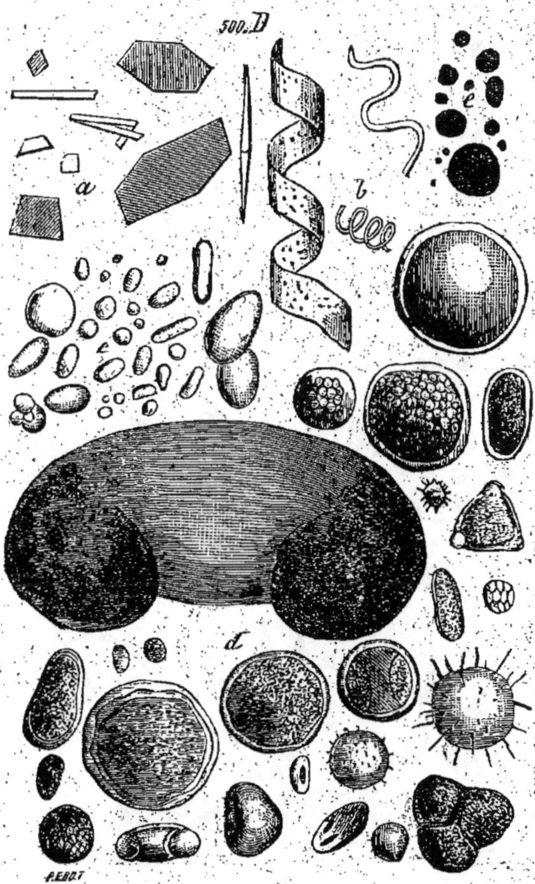

Fig. 3. — Corps en suspension dans l'atmosphère.

fibreux ou cellulaires dont la récolte à certaines
époques de l'année est si riche, que les plaques
d'études en sont couvertes comme d'une sorte

de duvet visible à l'œil nu. Enfin en *d* se voient des spécimens de pollens de diverses natures.

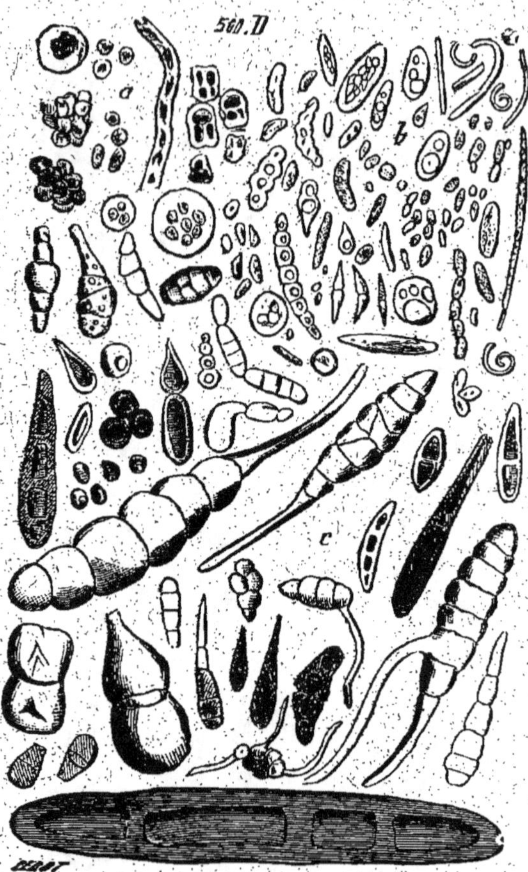

Fig. 4. — Organismes répandus dans l'atmosphère.

Il ne nous appartient pas de donner ici l'étude des méthodes employées pour recueillir et cultiver les microbes; ce sujet est traité d'une manière magistrale par MM. Pasteur, Miquel (1), Armand Gautier (2), Louis Olivier (3).

Nous allons laisser de côté les corpuscules minéraux et tous ces matériaux qui, tels que les pollens, les débris végétaux ou animaux, ne peuvent se reproduire.

Une recrudescence bien caractéristique a été signalée par les expériences des savants auteurs que nous avons cités plus haut : Par un temps chaud et humide, le nombre de sujets recueillis augmente considérablement. Cet accroissement est dû à l'envahissement de l'air par des microbes fort jeunes, le plus souvent sans couleur (fig. 4). On retrouve encore dans cette figure, ainsi que dans la figure 2, les fructifications cryptogamiques qui flottent sans cesse dans l'air de Paris.

Ces organismes de l'air, qui peuvent se développer, se divisent en *moisissures* et *bactéries*.

Il y a, pour nous, un intérêt capital à connaître les résultats approchés des recherches statistiques.

Les études faites sur ce sujet à Montsouris donnent des résultats importants, qui, au premier abord, peuvent paraître effrayants, mais qu'une appréciation plus sérieuse réduit à des conséquences moins terribles.

(1) Miquel, *Des organismes vivants de l'atmosphère.*
(2) A. Gautier, *L'air, ses impuretés et ses microbes,* (*Bulletin de l'Association scientifique,* 1886 et *Revue scientifique,* 1883).
(3) Olivier, *Les germes de l'air.*

IV. *Résultats statistiques.*

On a constaté, par une longue suite d'observations, que nous absorbons en moyenne 150,000 germes, lorsque nous allons respirer l'air pur des environs de Paris. Cette absorption atteint le nombre énorme de 1,000,000 au moins lorsque nous restons dans l'intérieur de nos maisons ou que nous sortons dans les rues de la ville.

Ces résultats sont basés sur une proportion de quinze individus absorbés en moyenne par litre d'air : cette quantité moyenne ne donne qu'une idée vague de la réalité : il y a, en effet, une variation assez sensible pour chacune des saisons dans le nombre de ces êtres. Présentant un minimum en hiver, il monte rapidement avec le printemps jusqu'à l'été, où il atteint son maximum, pour baisser sensiblement en automne.

	Moyenne des moisissures pour 1 litre d'air.
Hiver	6,6
Printemps	16,7
Eté	22,8
Automne	10,8

On trouve ainsi confirmée cette opinion généralement répandue que la chaleur favorise le développement des spores des moisissures.

L'humidité leur est également propice et les pluies amènent une augmentation dans leur nombre. On peut remarquer aussi qu'on trouve parfois moins de sujets dans un mois sec et chaud que dans une même période plus froide, mais plus humide.

Nous sommes en contact journalier avec ces matières ; elles sont généralement connues sous le nom de *poussière* ; c'est elle qui, par le balayage, les allées et venues, se soulève et se fixe sur tout ce qui nous entoure.

L'étude des *bactéries* diffère un peu de la précédente : si elles augmentent en été et diminuent en hiver, il semble que la pluie s'oppose à leur développement : on peut le remarquer dans les observations suivantes recueillies à Montsouris :

	Moyenne des bactéries pour 1 mètre cube d'air.
Hiver	633
Printemps	433
Été	825
Automne	1083

A Paris, à mesure que l'on marche de la circonférence au centre de la ville, la proportion de bactéries augmente d'une manière considérable.

En effet, un gramme de la poussière déposée sur les tentures, sur le papier peint qui couvre nos murs se compose de spores, de microbes de toutes natures dans la proportion suivante :

	Nombre de bactéries par gramme de poussière.
A l'Observatoire de Montsouris	750.000
Rue de Rennes	1.300.000
Rue Monge	2.100.000

Ces chiffres, empruntés à M. Gautier, trouveront une confirmation intéressante dans les nombres suivants publiés par l'observatoire de Montsouris en 1885 :

	Bactéries par mètre cube d'air.
Air de la mer Atlantique (*Miquel* et *Moreau*) pris à plus de 100 kil. des côtes...................	0.6
Air pris à moins de 100 kil. des côtes (moyenne).	1.8
Air des hautes montagnes (de *Frendenreich*)......	1 à 3
Air de Paris au sommet du Panthéon............	200
Air du Parc de Montsouris (moyenne de 5 ans)....	480
Air de la rue de Rivoli (moyenne de 4 ans).......	3.480
Air des maisons neuves à Paris, 1883............	4.500
Air des égouts de Paris, 1880...................	6.000
Air des vieilles maisons à Paris.................	36 000
Air du nouvel Hôtel-Dieu (Paris, 1880)..........	40 000
Air de l'Hôpital de la Pitié (intérieur)..........	79.000

Ces valeurs ne sont que des moyennes, elles montrent cependant suffisamment les proportions dans la propagation de ces microbes.

Heureusement qu'une grande partie de ces innombrables ennemis disparaît dans les mesures d'hygiène et de propreté de nos maisons; et que, de plus, parmi ces légions, il se trouve de nombreux individus qui sont inoffensifs.

On retrouve cependant leur influence néfaste dans presque toutes les maladies épidémiques (1) et il est bien prouvé aujourd'hui que ces sortes de maladies sont intimement liées aux variations des bactéries.

A côté de ces ennemis multiples qui nous me-

(1) Voyez Schmidt, *Microbes et maladies*. Paris, 1886. (*Bibliothèque scientifique contemporaine.*)

nacent chaque jour, des microbes particuliers constituent les différentes qualités de notre pain, préparent nos boissons ou nous fournissent le vinaigre ;
d'autres enfin transforment les végétaux et facilitent
leur développement.

Enfin, par l'une des plus belles découvertes que
nous devions à M. Pasteur (1), ces mêmes microbes
semblent devenir par suite de vaccins, des préser-
vatifs contre les maladies qu'ils engendrent.

Ce rapide examen permettra de se rendre compte
de la question si intéressante des microbes dont
nous sommes entourés, et des moyens que la science
a découverts pour étudier ces ennemis multiples
qui nous menacent sans cesse. Si les savants modernes ne sont pas arrivés à une victoire complète,
ils marchent à grands pas vers la destruction des
légions hostiles ; en tous cas, rappelons-nous avec
un orgueil légitime que ce sujet, si important et si
délicat, restera l'un des chapitres les plus glorieux
de l'histoire scientifique de la France.

(1) Voyez Pasteur, *Méthode pour prévenir la rage après mor-
sure (Ann. d'Hyg.* 1885, tome XIV, p. 456); *Prophylaxie de
la rage (Ann. d'Hyg.* 1886, tome XVI, p. 496).

PREMIÈRE PARTIE

INSTRUMENTS EMPLOYÉS
DANS LES OBSERVATIONS MÉTÉOROLOGIQUES

On sait combien les applications de la météorologie sont nombreuses : dans bien des circonstances, l'incertitude de ses principes et le peu de secours de ses théories se font sentir, non pour l'explication des phénomènes, mais pour la prévision des circonstances dans lesquelles ils doivent se produire. C'est cette partie de la science, la plus pratique, que nous allons développer; nous chercherons, dans l'étude des instruments appropriés, les connaissances qui, seules, peuvent nous guider dans la recherche de ces résultats.

Nous connaissons la composition de l'enveloppe fluide qui entoure la terre; nous savons que les principaux changements qui se produisent dans l'atmosphère proviennent de variations dans sa température, dans son poids, son humidité ou son électricité. Divers instruments, dont la physique nous a dotés, nous permettent d'apprécier ces modifications. Nous passerons successivement en revue : le *Baromètre*, le *Thermomètre*, l'*Hygro-*

mètre. Ils nous indiquent ces changements qui se manifestent à nous, suivant les circonstances, par la production du *Vent*, de la *Pluie*, de la *Rosée*, etc., phénomènes que des appareils spéciaux tels que les *Anémomètres*, les *Pluviomètres* sont destinés à mesurer.

CHAPITRE III

BAROMÈTRE

I. *Descartes et Pascal.*

Bien des siècles s'écoulèrent avant que l'idée de la pesanteur de l'air se présentât à l'esprit des philosophes. Aristote qui, le premier, semble l'avoir soupçonnée, ne put arriver à la prouver.

Jusqu'au milieu du XVIIᵉ siècle, l'ascension de l'eau dans un corps de pompe fut expliquée par l'*horreur que la nature était censée avoir du vide*.

Les savants de cette époque trouvaient même des explications curieuses de ce fait.

On connaît celle que Galilée donna aux fontainiers de Florence. Ceux-ci, voulant faire monter à une grande hauteur de l'eau dans une pompe, furent bien étonnés de voir que malgré tous leurs efforts le liquide ne dépassait pas un niveau de 33 pieds. Galilée, auquel le fait avait été soumis, répondit que l'horreur que la nature ressent pour le vide était limitée à la hauteur observée à laquelle il donna le nom de *altessa limitatissima* (hauteur extrême).

En 1643, Torricelli avait fait une remarque qui lui fit entrevoir la véritable cause du phénomène; il avait été frappé par la constatation de ce fait que l'eau aspirée dans un corps de pompe ne peut dépasser $10^m,33$ au-dessus du niveau extérieur; cette connaissance l'amena à supposer que l'ascension de l'eau dans la pompe était due à la pression de l'atmosphère et qu'une colonne d'eau de $10^m,33$ devait faire équilibre à une colonne d'air de même diamètre qui s'élèverait jusqu'à la limite de l'atmosphère. Pour prouver son assertion, il fit voir qu'une colonne mercurielle donnait le même résultat. Voici en quoi consistait cette expérience. Ayant pris un tube de verre de 1 mètre de long, fermé à l'une de ses extrémités, il le remplit de mercure et plongea son extrémité ouverte dans une cuve contenant une certaine quantité de ce métal; la colonne mercurielle s'abaissa jusqu'à une hauteur de 28 pouces ($0^m,76$) environ. En inclinant le tube (fig. 5), la longueur B, B' de la colonne augmentait, mais sa hauteur verticale $a\ a'$ au-dessus du bain métallique $b\ b'$ restait toujours la même.

Comparant cette hauteur $0^m,76$ à celle de la colonne d'eau $10^m,33$, il constata que le rapport de ces deux nombres était 13,5, valeur justement égale au rapport des densités de l'eau et du mercure, d'où il conclut que les longueurs des colonnes sont inversement proportionnelles aux densités des liquides.

Ce rapport prouvait que la pesanteur de l'air

seule s'opposait à l'écoulement des liquides, ce qui le conduisit à donner le nom de *Baromètre* (*Baros*, poids; *metron*, mesure) au nouvel instrument.

Une consécration éclatante de la vérité de l'hypothèse de Torricelli a été donnée par Pascal. Il eut l'idée de vérifier si la colonne mercurielle était plus longue au pied d'une montagne qu'au sommet.

Voici l'extrait d'une lettre qu'il envoyait à son beau-frère, M. Périer, qui habitait Clermont, en Auvergne :

J'ai imaginé de faire l'expérience ordinaire du vide, plusieurs fois, en un même jour, en un même tuyau, avec le même vif-argent, tantôt en bas et tantôt au sommet d'une montagne élevée pour le moins de 500 à 600 toises, pour éprouver si la hauteur du vif-argent, suspendu dans le tuyau, se trouvera pareille ou différente dans ces deux situations. S'il arrive que la hauteur du vif-argent soit moindre en haut qu'au bas de la montagne, il s'en suivra nécessairement que la pesanteur et la pression de l'air sont la seule cause de cette suspension du vif-argent et non pas l'horreur du vide, puisqu'il est certain qu'il y a

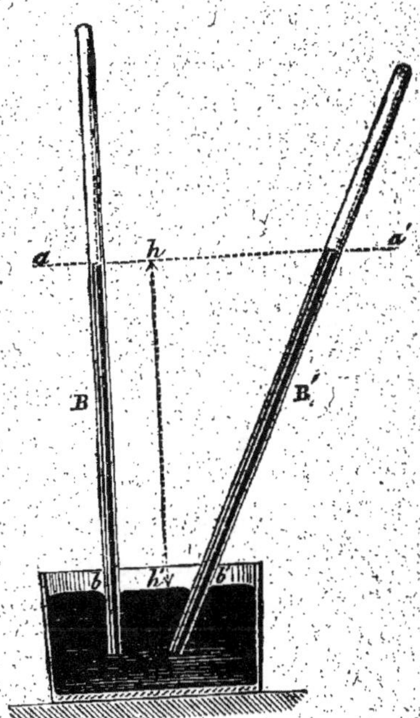

Fig. 5. — La hauteur de la colonne mercurielle reste la même, quelle que soit l'inclinaison du tube.

beaucoup plus d'air qui pèse sur le pied de la montagne que sur son sommet. Au lieu qu'on ne saurait dire que la nature abhorre le vide au pied de la montagne plus que sur son sommet.

L'expérience fut tentée par Périer, le 19 septembre 1648, sur le sommet du Puy-de-Dôme ; elle prouva matériellement la pesanteur de l'air. Ce résultat inattendu, écrivait M. Périer en rendant compte de ses observations à Pascal, « nous ravit tous d'admiration et d'étonnement, et nous surprit de telle sorte que, pour notre satisfaction propre, nous voulûmes répéter l'expérience ». Elle fut tentée, en effet, et se reproduisit cinq fois avec le même succès.

Pascal répéta l'ingénieuse observation qu'il avait ndiquée, en haut de la tour Saint-Jacques de la Boucherie, à Paris, où il reconnut une différence de deux lignes avec la hauteur barométrique de la rue.

Nous empruntons à M. Palmarts les renseignements suivants qui tendraient à faire attribuer à Descartes l'honneur de l'idée première.

« Divers documents historiques sont venus mettre en doute les prétentions du célèbre géomètre (Pascal) ; à cet égard, M. Nourrisson, membre de l'Académie des sciences morales et politiques, a signalé une lettre intéressante de Descartes écrite en 1631, c'est-à-dire douze ans avant l'expérience de Torricelli :

L'air est pesant, disait Descartes ; on peut le comparer à un vaste amas de laine qui enveloppe la Terre jusqu'au-delà des nues, c'est-à-dire à une distance indéterminée mais considérable ; c'est le poids de cette laine qui presse la surface du mercure dans la cuve et n'agit point sur la surface du mercure dans le tuyau, qui empêche la colonne mercurielle de descendre. Toutefois ce poids est limité et il n'empêchera la descente qu'autant que le poids de la colonne sera moindre que le sien. Pour détacher le mercure du tuyau, il faudra une force supérieure à celle que représente le poids de la laine, c'est-à-dire la force de l'air qui sollicite la force du mercure, c'est son propre poids; le poids de la colonne refoulé au-dessus du niveau de la cuve est donc égal au poids de l'air sur une portion de surface de la cuve égale à la surface de la colonne dans le tuyau. »

Lorsque les célèbres expériences de Pascal furent connues de Descartes, celui-ci écrivit les lignes suivantes à M. de Carcavi :

« Ce n'est pas de vous, mais bien plutôt de M. Pasca que je devais attendre ces nouvelles, puisque depuis plus de deux ans je l'ai sollicité d'entreprendre l'expérience, lui certifiant que, quoique je ne l'eusse pas faite, je ne doutais point de son succès, mais comme il est l'ami de M. Roberval, qui fait profession de n'être point le mien, j'ai lieu de croire qu'il en suit les passions. »

Malgré ce qui précède, nous ne pouvons attribuer sûrement à l'un de ces grands savants la gloire d'avoir détruit la théorie erronée de l'horreur de la nature pour le vide et n'osons affirmer que Descartes en doive recueillir tout l'honneur.

Nous donnerions une idée incomplète de la question si nous ne reproduisions d'après M. Cornu (1) les premiers essais de Pascal.

Il exécute d'abord une magnifique expérience qui aurait mérité de rester dans l'enseignement sous la forme même où Pascal la montra aux savants ses amis, à son

(1) Cornu, l'Éoge de Pascal.

beau-frère, M. Périer, et probablement aussi à l'illustre Descartes, dans les deux visites que le grand philosophe vint lui faire les 23 et 24 septembre 1647. Cette expérience, qu'on pourrait nommer *l'expérience du vide dans le vide,* consistait à placer un tube de Torricelli à l'intérieur d'un autre tube semblable, mais plus grand : « Le vif-argent du tuyau intérieur demeura suspendu à la hauteur où il se tient par l'expérience ordinaire quand il était contre-balancé et pressé par la pesanteur de la masse de l'air, et, au contraire, il tomba entièrement, sans qu'il lui restât aucune hauteur ni suspension, lorsque, par le moyen du vide dont il fut environné, il ne fut plus du tout pressé ni contre-balancé d'aucun air, en ayant été destitué de tous côtés. »

De plus, « cette hauteur ou suspension du vif-argent augmentait ou diminuait » ; enfin « toutes ces diverses hauteurs ou suspensions du vif-argent se trouvaient toujours proportionnées à la pression de l'air ».

Cette expérience, si claire et si nette, ne constituait-elle pas à elle seule une preuve indéniable de l'existence de la pression atmosphérique et par conséquent de la pesanteur de l'air? Pascal, avec sa rigueur habituelle, ne crut pas devoir s'en contenter; il en voulut une démonstration encore plus parfaite, surtout plus frappante pour les esprits moins accoutumés que le sien à l'interprétation rigoureuse des faits; il la nomma *la grande expérience de l'équilibre des liqueurs,* parce que, dit-il, « elle est la plus démonstrative de toutes celles qui peuvent être faites sur ce sujet, en ce qu'elle fait voir l'équilibre de l'air avec le vif-argent, qui sont l'un la plus légère et l'autre la plus pesante de toutes les liqueurs qui sont connues dans la nature ».

L'expérience du Puy-de Dôme devait consacrer, d'une manière absolue. le principe de la pesanteur de l'air,

Pascal ne s'en tint pas là, il prouva que le baromètre pouvait servir à déterminer la différence de niveau de deux lieux déterminés ; il fit ensuite observer que la pression de cet air est en rapport avec les variations atmosphériques et fit exécuter des études semblables à Clermont, à Paris, à Stockholm, où Descartes, appelé près de la reine Christine de Suède, ne se refusa pas à les effectuer.

Il discuta les nombreux résultats qui lui furent communiqués et n'hésita pas à en conclure qu'il existe une corrélation entre les oscillations barométriques et les vicissitudes du temps et il formula le résultat de ses recherches en ces termes : « Cette connaissance peut être très utile aux laboureurs, aux voyageurs, etc., pour connaître l'état présent du temps et le temps qui doit suivre, mais non pas pour connaître celui qu'il fera dans trois semaines. »

N'est-ce pas le germe de cette idée féconde qui, sous l'impulsion de l'amiral Fitz-Roy et de Le Verrier, devait produire les remarquables résultats de la prévision du temps ?

Nous ne pousserons pas plus loin la discussion du mérite relatif de chacun des deux profonds génies auxquels on rapporte la brillante découverte qui nous occupe et nous passerons aux applications pratiques des conséquences qu'on en peut tirer.

II. *Description du baromètre.*

Des expériences de Torricelli on peut conclure qu'un liquide quelconque peut servir à construire un baromètre. Le mercure a toujours été préféré, d'abord parce que sa densité étant considérable la colonne qui indique la pression moyenne est d'une faible longueur, et ensuite parce qu'il a l'avantage de ne pas mouiller le verre.

Le mercure que l'on emploie dans la construction des baromètres doit être parfaitement pur. Si du plomb ou du zinc se trouvent amalgamés à ce métal, sa densité n'est plus la même et, par conséquent, la hauteur de la colonne n'est plus invariable, puisque nous avons vu que la longueur des colonnes liquides qui font équilibre à l'atmosphère sont inversement proportionnelles à leurs densités.

Le procédé le plus fréquemment employé pour avoir du mercure sans mélange consiste à laver ce métal dans un bain d'acide acétique ou d'acide sulfurique étendu d'eau. On doit encore avoir grand soin de veiller à ce que le baromètre ne contienne ni air, ni vapeur d'eau ; pour parer à cet inconvénient, on ne remplit le tube que par portions, puis on fait successivement bouillir le mercure sur une grille couverte de charbons ardents, de telle sorte que l'air et les vapeurs que le tube contenait soient entraînées avec les vapeurs de mercure.

Ces diverses précautions importent plutôt au constructeur ; il est bon cependant de les rappeler. On possède divers moyens de connaître si un baromètre est absolument purgé d'air et d'humidité ; le plus simple consiste à l'incliner doucement. Le choc du mercure contre l'extrémité du tube doit produire un son sec et métallique ; s'il reste une bulle d'air, elle forme une sorte de tampon et le bruit est alors sourd et mou ; on peut encore vérifier à la loupe la colonne mercurielle pour s'assurer qu'elle ne contient aucune bulle d'air.

On doit accorder une attention particulière à la division de l'échelle sur laquelle on lit les indications de la hauteur du baromètre. On comprend que, quand la cuvette dans laquelle plonge le tube est fort large, la petite quantité de mercure qui y entre ou qui en sort n'en altère pas sensiblement le niveau. On peut donc considérer ce niveau comme un point fixe. On doit pouvoir apprécier les dixièmes de millimètres ; c'est pourquoi on ajoute généralement un vernier à l'échelle des lectures. Nous verrons dans l'établissement du baromètre Fortin l'application de cette disposition.

En France, l'échelle barométrique est divisée en millimètres ; en Angleterre, en pouces anglais, divisés en dixièmes ; en Allemagne, en pouces et en lignes de France. Les Allemands mettent deux accents à la suite du nombre qui indique les pouces et trois après celui qui marque les lignes : 26″,2‴,74 doit se lire 29 pouces, 2 lignes 74 centièmes de lignes. Si, du reste, on avait des réductions d'observations étrangères à faire, on trouverait les tables nécessaires dans tous les annuaires scientifiques.

Fig. 6.
Baromètre
Fortin.

Dans les observations météorologiques, on fait usage, sauf dans des cas spéciaux, du baromètre Fortin (fig. 6). Cet instrument est un baromètre à cuvette ; le tube de verre est enfermé dans une monture de cuivre qui le protège contre les chocs et dans laquelle on a ménagé, à la partie supérieure, une fente qui permet d'apercevoir le mercure et de lire ses indications. La cuvette dans laquelle plonge le tube a un fond mobile en peau de chamois, qui s'élève ou s'abaisse au moyen d'une vis et fait ainsi varier le niveau inférieur de la cuvette.

L'échelle est divisée en millimètres, mais cette estimation n'est pas suffisante ; pour décupler sa précision, on emploie un vernier, monté sur un curseur, qui permet d'estimer les dixièmes de millimètres.

Lorsqu'on veut faire une observation, on se sert de cette vis V (fig. 7) pour amener la surface du mercure exactement au point de contact avec l'extrémité d'une pointe d'ivoire I fixée à l'intérieur de l'appareil. Cette disposition offre un grand avantage. Les divisions fixes de l'échelle partent exactement de l'extrémité de cette pointe d'ivoire, de sorte que l'observateur n'a plus qu'à lire les indications des hauteurs sur les divisions supérieures de l'appareil, sûr de partir, dans toutes ses observations, d'un niveau invariable de la cuvette.

Fig 7. — Disposition de la cuvette du baromètre de Fortin.

Par suite d'un phénomène de capillarité bien

connu, la partie supérieure de la colonne mercurielle n'est point plane, elle affecte une forme con-
vexe, dans le cas qui nous occupe; l'observation
serait donc erronée si l'on ne tenait compte de cette

Fig. 8. — Forme du
ménisque et mesure
de la hauteur baro-
métrique.

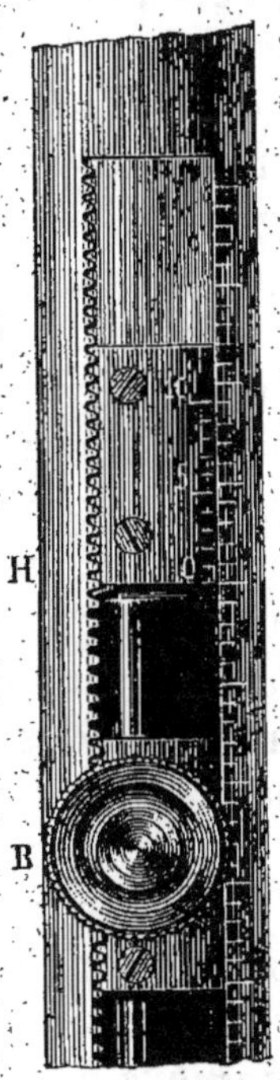

Fig. 9. — Curseur
du baromètre For-
tin.

particularité. On doit donc, pour obtenir une valeur exacte de la hauteur barométrique, faire mouvoir le curseur, dont la partie supérieure est figurée
en H (fig. 8) jusqu'à ce que l'œil cesse d'apercevoir

du jour entre le bord du curseur et le sommet arrondi du mercure.

Généralement le vernier est divisé en dix parties égales dont la longueur totale est de 9 millimètres exactement et indique les dixièmes de millimètres.

Les divisions du vernier sont placées, le plus souvent, au-dessus du bord supérieur de la fenêtre du curseur et la division marquée o se trouve sur le prolongement de ce bord : c'est toujours cette division qui doit servir de point de départ.

La hauteur en nombre rond du baromètre est donnée par la division de l'échelle fixe du baromètre qui est immédiatement en dessous de ce point H. Les divisions du vernier étant numérotées de bas en haut, le nombre des dixièmes de millimètres, qu'on doit ajouter à cette lecture, est donné par le numéro de la division du vernier qui coïncide avec une des divisions du tube (fig. 9).

Rappelons en passant que le vide qui se produit au-dessus du mercure contenu dans le tube est le plus parfait qu'on puisse obtenir. On le désigne sous le nom de *vide barométrique*, et l'espace lui-même est connu en physique sous la dénomination de *chambre barométrique*.

La *hauteur barométrique* est la valeur qui exprime la différence de niveau entre la surface du mercure contenu dans la cuve et l'extrémité supérieure de la colonne mercurielle.

Pour faire des observations utiles à l'aide d'un baromètre Fortin, il faut prendre les précautions suivantes : on doit commencer par lire les indications du thermomètre placé auprès du baromètre; puis, faisant mouvoir la vis qui est à l'extrémité

inférieure de la cuvette, on doit amener le niveau
du réservoir à l'affleurement exact de la pointe
d'ivoire. Un peu d'habitude permettra de se
rendre compte du moment précis où aura lieu le
contact. Cette détermination doit être faite avec le
plus grand soin, car elle modifie la lecture finale.
Pour s'assurer que le mercure n'adhère pas aux
parois du verre, on frappe le tube de quelques
coups secs donnés avec le doigt et on rectifie l'affleurement s'il y a lieu. On fait alors mouvoir le
curseur qui porte le vernier jusqu'à ce que la
limite inférieure de celui-ci soit absolument tan-
gente à la surface arrondie de la colonne mercurielle. La division de l'échelle indique alors en
millimètres la valeur cherchée ; la lecture du vernier permet d'estimer le dixième de millimètre.

Des échelles barométriques construites sur le
même principe, avec des verniers appropriés,
donnent jusqu'au centième de millimètre.

Une étude attentive de l'instrument que l'observateur possédera lui permettra d'appliquer les
indications générales qui précèdent.

On doit prendre grand soin d'installer l'appareil
dans une chambre fraîche, sans être humide, où le
soleil ne pénètre pas ; on le suspendra par son
anneau supérieur, de façon à ce qu'il prenne de
lui-même la position verticale ; on peut alors le
fixer d'une manière plus solide. On vend généralement, en même temps que l'instrument, une
planche destinée à supporter le baromètre dans les
meilleures conditions possibles. On peut, lorsqu'on
se déplace, se servir, pour l'observation du baromètre, d'un trépied dont l'extrémité supérieure

porte un système de supports connu sous le nom de « *à la Cardan* » qui, par sa disposition spéciale, permet au baromètre de conserver une position verticale à peu près constante.

III. — *Corrections à faire subir aux observations.*

Tous les baromètres doivent subir une petite correction qui dépend de ce que le zéro de l'échelle ne coïncide pas exactement avec l'extrémité de la pointe d'ivoire. Cette correction constante ne peut être indiquée que par comparaison avec un baromètre *étalon* conservé au bureau central météorologique. Dans cet établissement, dont nous aurons souvent occasion de signaler l'heureuse influence sur la météorologie moderne, on fait une étude spéciale de chacun des baromètres envoyés et on le renvoie avec l'indication des corrections constantes nécessaires.

D'autres corrections sont indispensables pour avoir des observations sérieuses : la correction de température et la réduction au niveau de la mer.

Lorsqu'on a fait une lecture barométrique, il faut d'abord lui faire subir la correction constante relative au zéro de l'échelle, signalée par la comparaison avec le baromètre étalon ; puis on doit calculer la correction de température. On sait, en effet, que la chaleur dilate les corps ; le mercure n'échappe pas à cette loi. Donc, à une même pression atmosphérique, la colonne mercurielle sera d'autant plus longue qu'il fera plus chaud ; pour lui donner des valeurs comparables, on la ramène toujours à ce qu'elle serait à la température de la glace fondante, c'est-à-dire à zéro degré. Pour obtenir ce résultat, on emploie la table ci-dessous, dans laquelle T est la température marquée par le thermomètre et H la hauteur en millimètres de la lecture barométrique, de la manière suivante :

Soit une hauteur barométrique, corrigée de l'erreur de l'instrument, égale à 759^{mm},5 observée à une température de + 13°,7.

On obtiendra la correction de température en prenant dans la colonne verticale la température qui se rapproche le plus de celle qui a été observée, c'est-à-dire, dans le cas présent, 14 degrés ; on suit la ligne horizontale correspondant à 14 degrés jusqu'à ce qu'on soit arrivé à la colonne verticale qui est le moins différente de 759,5, c'est-à-dire 760, on lit la correction en négligeant les centièmes de millimètres et en forçant au-dessus de 5 ; c'est assez dire qu'on doit énoncer 1^{mm},7 à *retrancher* de la valeur barométrique observée.

Pour rendre cet exemple plus net, nous allons le reproduire ci-dessous :

```
Baromètre (hauteur corrigée de l'erreur constante)..  759mm,5
Température du baromètre + 13°,7.
Correction..............................................  1mm,7
                                                        ─────────
        Baromètre (hauteur réduite à zéro).....  757mm,8
```

TEMPÉRATURE du baromètre.	HAUTEURS DU BAROMÈTRE.								
	700	710	720	730	740	750	760	770	780
°	mm	mm	mm	mm	mm	mm	mm	mm	mm
0	0,0	0,0	0,0	0,0	0,0	0,0	0,0	0,0	0,0
1	0,1	0,1	0,1	0,1	0,1	0,1	0,1	0,1	0,1
2	0,2	0,2	0,2	0,2	0,2	0,2	0,3	0,3	0,3
3	0,3	0,3	0,4	0,4	0,4	0,4	0,4	0,4	0,4
4	0,5	0,5	0,5	0,5	0,5	0,5	0,5	0,5	0,5
5	0,6	0,6	0,6	0,6	0,6	0,6	0,6	0,6	0,6
6	0,7	0,7	0,7	0,7	0,7	0,7	0,7	0,7	0,8
7	0,8	0,8	0,8	0,8	0,8	0,9	0,9	0,9	0,9
8	0,9	0,9	0,9	0,9	1,0	1,0	1,0	1,0	1,0
9	1,0	1,0	1,0	1,1	1,1	1,1	1,1	1,1	1,1
10	1,1	1,1	1,2	1,2	1,2	1,2	1,2	1,2	1,3
11	1,2	1,3	1,3	1,3	1,3	1,3	1,4	1,4	1,4
12	1,4	1,4	1,4	1,4	1,4	1,5	1,5	1,5	1,5
13	1,5	1,5	1,5	1,5	1,6	1,6	1,6	1,6	1,6
14	1,6	1,6	1,6	1,7	1,7	1,7	1,7	1,7	1,8
15	1,7	1,7	1,7	1,8	1,8	1,8	1,8	1,9	1,9
16	1,8	1,8	1,9	1,9	1,9	1,9	2,9	2,0	2,0
17	1,9	1,9	2,0	2,0	2,0	2,1	2,1	2,1	2,1
18	2,0	2,1	2,1	2,1	2,1	2,2	2,2	2,2	2,3
19	2,1	2,2	2,2	2,2	2,3	2,3	2,3	2,4	2,4
20	2,3	2,3	2,3	2,4	2,4	2,4	2,5	2,5	2,5
21	2,4	2,4	2,4	2,5	2,5	2,5	2,6	2,6	2,6
22	2,5	2,5	2,6	2,6	2,6	2,7	2,7	2,7	2,8
23	2,6	2,6	2,7	2,7	2,7	2,8	2,8	2,9	2,9
24	2,7	2,7	2,8	2,8	2,9	2,9	2,9	3,0	3,0
25	2,8	2,9	2,9	2,9	3,0	3,0	3,1	3,1	3,1
26	2,9	3,0	3,0	3,1	3,1	3,1	3,2	3,2	3,3
27	3,0	3,1	3,1	3,2	3,2	3,3	3,3	3,4	3,4
28	3,2	3,2	3,3	3,3	3,3	3,4	3,4	3,5	3,5
29	3,3	3,3	3,4	3,4	3,5	3,5	3,6	3,6	3,6
30	3,4	3,4	3,5	3,5	3,6	3,6	3,7	3,7	3,8
31	3,5	3,5	3,6	3,6	3,7	3,7	3,8	3,8	3,9
32	3,6	3,7	3,7	3,8	3,8	3,9	3,9	4,0	4,0

La correction de cette table est toujours négative si la température du baromètre est égale à zéro; elle est positive, si la température est inférieure à zéro.

Pour avoir des valeurs plus exactes, il serait né-cessaire d'interpoler les nombres de la table, mais pour des observations ordinaires, ces quantités sont suffisamment précises au dixième de milli-mètre.

Une seconde correction, plus difficile, est néces-saire pour tenir compte de la hauteur du baro-mètre au-dessus du niveau de la mer.

On a vu que si l'on s'élève au-dessus du niveau de la mer, la pression diminuant, la colonne baro-métrique s'abaisse; les observations faites à une certaine hauteur seront donc trop faibles d'une quantité qu'il faut déterminer.

Lorsqu'on observe dans un lieu qui n'est pas sensiblement élevé au-dessus du niveau de la mer, on peut se contenter d'une approximation qui fixe à 1^{mm} l'abaissement du mercure pour une élévation de 10 mètres et demi. En tous cas, lorsqu'on publie ses observations, on doit faire connaître si cette correction a été faite. Le bureau central météorolo-gique communique des tables pour cette correction, lorsqu'on lui indique l'altitude de la station.

Soit une station située à 170^m au-dessus du ni-veau de la mer, où, à une observation barométrique de $745^{mm},2$ correspond une température de $+ 10^o$, la Table A (p. 64) donne pour 170^m et $+ 10^o$ une va-leur égale à 17.8.

Avec cet argument et la pression observée, $745^{mm},2$, on trouve Table B (p. 65) sur la ligne hori-zontale qui correspond à 17.8 (entre 17 et 18), à la colonne horizontale 745, une valeur comprise entre 14.7 et 15.6, égale exactement à $15^{mm},4$. Cette seconde correction s'ajoutant, la pression réduite au niveau de la mer serait donnée pour l'exemple suivant :

A 170^m. Baromètre observé............ 745^{mm},2
Température + 10°.
Correction Table A, 17,8.
Correction Table B................... + 15^{mm},4

Baromètre réduit au niveau de la mer.... 760^{mm},6

Nous croyons utile de publier les tables nécessaires pour faire cette correction, dont on pourra appliquer les résultats comme nous l'avons indiqué ci-dessus.

Table A pour la réduction du baromètre au niveau de la mer.

Altitude en mètres.	Température extérieure.					
	— 20°	— 10°	0°	10°	20°	30°
10......	1,2	1,1	1,1	1,0	1,0	1,0
20......	2,4	2,2	2,2	2,1	2,0	2,0
30......	3,5	3,4	3,2	3,1	3,0	2,9
40......	4,7	4,5	4,3	4,2	4,0	3,9
50......	5,8	5.6	5,4	5,2	5,1	4,9
60......	7,0	6,7	6,5	6,3	6,1	5,9
70......	8,2	7,9	7,6	7,3	7,1	6,8
80......	9,3	9,0	8,7	8,4	8,1	7,8
90......	10,5	10,1	9,8	9,4	9,1	8,8
100......	11,7	11,2	10,8	10,5	10,1	9,8
110......	12,9	12,4	11,9	11,5	11,1	10,7
120......	14,0	13,5	13,0	12,5	12,1	11,7
130......	15,2	14,6	14,1	13,6	13,1	12,7
140......	16,3	15,7	15,2	14,6	14,1	13,7
150......	17,5	16,9	16,3	15,7	15,1	14,6
160......	18,7	18,0	17,3	16,7	16,2	15,6
170......	19,8	19,1	18,4	17,8	17,2	16,6
180......	21,0	20,2	19,5	18,8	18,2	17.6
190......	22,2	21,4	20,6	19,9	19,2	18,6

Table B pour la réduction du baromètre au niveau de la mer.

Arguments.	Hauteur du baromètre.					
	720.	730.	740.	750.	760.	770
19.....	15,9	16,1	16,4	16,6	16,8	»
18.....	15,1	15,3	15,5	15,7	15,9	»
17.....	14,2	14,4	14,6	14,8	15,0	»
16.....	13,4	13,6	13,8	13,9	14,1	14,3
15.....	12,5	12,7	12,9	13,1	13,2	13,4
14.....	11,7	11,9	12,0	12,2	12,4	12,5
13.....	10,9	11,0	11,2	11,3	11,5	11,6
12.....	10,0	10,2	10,3	10,4	10,6	10,7
11.....	9,2	9,3	9,4	9,6	9,7	9,8
10.....	8,3	8,5	8,6	8,7	8,8	8,9
9.....	7,5	7,6	7,7	7,8	7,9	8,0
8.....	6,7	6,8	6,8	6,9	7,0	7,1
7.....	5,8	5,9	6,0	6,1	6,1	6,2
6.....	5,0	5,1	5,1	5,2	5,3	5,3
5.....	4,2	4,2	4,3	4,3	4,4	4-4
4.....	3,3	3,4	3,4	3,5	3,5	3,6
3.....	2,5	2,5	2,6	2,6	2,6	2,7
2.....	1,7	1,7	1,7	1,8	1,18	1,8
1.....	0,8	0,8	0,9	0,9	0,9	0,9

IV. — *Variétés diverses de baromètres.*

On se sert encore d'autres baromètres connus sous le nom de *baromètre à large cuvette, baromètre à échelle compensée.*

Le premier est un baromètre ordinaire dont la cuvette a un développement considérable, généralement égal à 10 fois le diamètre du tube, ce qui réduit les variations du mercure au 100ᵉ de ce qu'elles seraient si le diamètre de la cuvette était égal à celui du tube ; on peut ainsi en tenir compte.

Le baromètre à échelle compensée est un perfectionnement du précédent. Au lieu d'appliquer les corrections aux observations du premier, généralement évaluées en millimètres, on peut donner aux divisions un écartement plus petit, déterminé par le calcul.

Le *baromètre de Gay-Lussac*, modifié plus tard par Bunten, qui a été fort à la mode il y a quelques années, se compose d'un tube contourné dont les deux extrémités sont d'égal diamètre, pour éviter les corrections de capillarité. Le principal inconvénient des baromètres à mercure, c'est que les variations de la colonne mercurielle sont représentées par des quantités très petites, difficiles à observer. On a essayé de remédier à cet inconvénient, mais sans jamais y réussir. On doit citer, cependant, un baromètre à mercure et à eau, proposé par Descartes, et exécuté par Huygens, dans lequel les variations de la colonne barométrique étaient près de six fois plus grandes que dans le baromètre ordinaire. Malheureusement les instruments de ce genre ne donnent que des indications sans précision. On connaît aussi les baromètres d'Amontons et Bernouilli; mais, pas plus que les précédents, ils n'ont pu détrôner le baromètre type, l'invention de Torricelli.

Un des baromètres les plus connus, dû à Hooke, est le *baromètre à cadran*. Ce n'est qu'une modification du baromètre à syphon dont la petite branche est ouverte; pour le construire, il suffit de disposer derrière le cadran un baromètre à syphon. Au centre du cadran, toujours derrière, sur le même axe qui porte les aiguilles, une poulie est fixée. Sur la gorge de cette poulie s'enroule un

de cette influence, car la correction varie avec
l'instrument (fig. 12).

Les baromètres métalliques sont assez exacts
pour les besoins de l'agriculture et donnent des indications suffisantes sur les prédictions du temps,
nécessaires aux gens des campagnes. Ils sont fort
souvent employés par les
marins à bord des navires,
par les gros temps ; on
tire de leur observation
les données assez appro-
chées, surtout si on peut
comparer de temps à autre
ces baromètres métalliques
à un baromètre à mer-
cure.

Fig. 12. — Baromètre métallique.

Le baromètre n'indique
pas seulement les varia-
tions de pesanteur des lieux où on l'observe, il
donne encore des éléments très divers. Au point
de vue de la *prévision du temps*, il a une importance capitale que nous essaierons d'indiquer plus
loin. Pour y parvenir, nous allons observer rapidement les mouvements réguliers du baromètre afin
de pouvoir tirer quelques conclusions des irrégularités qu'il peut signaler. Bien que nous n'ayons en
vue que l'étude matérielle des phénomènes météorologiques, nous croyons utile d'entrer dans quelques détails.

V. — *Variations régulières et accidentelles du baromètre.*

Les variations que nous indique le baromètre peuvent être classées en deux catégories distinctes : les *variations diurnes* ou *horaires*, régulières et constantes, et les *variations accidentelles*.

Les variations diurnes s'observent à certains moments de la journée où elles se reproduisent périodiquement. C'est dans la région équatoriale et entre les tropiques que ces variations sont les plus régulières ; elles pourraient même, dit Alex. de Humboldt, servir d'horloge tant ses périodes sont constantes. L'air, dans nos régions, est trop souvent troublé pour que les oscillations barométriques de ce genre soient bien accusées, celles-ci suivent cependant une marche à peu près uniforme dans chaque climat. En moyenne, les variations diurnes sont les suivantes : la colonne barométrique est à son minimum le matin, vers quatre heures, elle remonte vers dix heures du matin, baisse ensuite vers un second minimum qu'elle atteint à trois heures de l'après-midi, puis s'élève vers le second maximum de dix heures du soir et baisse de nouveau jusqu'à quatre heures du matin. Ces heures varient un peu avec les saisons.

La latitude a une influence marquée sur l'amplitude de ces oscillations ; leur étendue diminue de plus en plus, à mesure qu'on s'éloigne de l'équa-

teur où elles atteignent un maximum qui ne dépasse pas 3 à 4 millimètres; dans nos régions tem-
pérées cette oscillation mesure à peine 7 dixièmes
de millimètres. Dans la pratique, pour obtenir la
variation moyenne diurne, on soustrait la moyenne
des deux *minima* de celle des deux *maxima* dont
nous avons parlé plus haut.

La constatation de ces variations est due à un
inconnu, habitant Surinam, qui les a signalées en
1722. Le père Boudier les a observées dans l'Inde
en 1740. Mais c'est de Humboldt qui, par une
étude complète, a prouvé qu'elles se produisent
également dans nos climats.

Dove a démontré que, pour les lieux situés dans
l'hémisphère nord, la pression suit une marche
sensiblement constante. On peut contrôler ce fait
d'après les observations suivantes recueillies à Paris
(48° 5o de latitude nord) :

	mm.		mm.
Janvier........	758,86	Juillet........	756,52
Février........	759,09	Août.........	756,74
Mars...........	756,33	Septembre....	756,61
Avril..........	755,18	Octobre.......	754,42
Mai...........	755,61	Novembre....	755,75
Juin...........	758,28	Décembre.....	755,09

Nous avons vu que les oscillations régulières du
baromètre vont en décroissant de l'équateur vers
les pôles. C'est le contraire qu'on observe dans la
marche des oscillations irrégulières ; l'oscillation
moyenne annuelle du baromètre est, à Batavia,
$2^{mm}98$; à la Havane, $6^{mm}38$; à Madère, $10^{mm}42$;
à Marseille, 17.69 ; à Paris, $23^{mm}66$; à Copenhague,

27^{mm}o9; à Stockholm, 29^{mm}82; à Christiania, 33^{mm}o4 et en Islande, 35^{mm}91.

Si l'on fait passer une ligne par tous les points où la moyenne des oscillations barométriques est la même, on obtient des courbes qui prennent le nom de *lignes isobarométriques*.

Lambert avait remarqué, dès 1771, que les vents exerçaient une influence marquée sur la hauteur de la colonne barométrique; on avait, avant lui, proposé la question sans donner les moyens de la résoudre. Voici, pour Paris, le résultat d'un grand nombre d'observations indiquant la hauteur du baromètre, correspondant aux vents principaux :

N.	N.-E.	E.	S.-E.	S.	S.-O.	O.	N.-O.
759^{mm},o9	759,49	757,24	754,o3	753,15	753,52	755,57	757,78

Il est facile de comprendre que, dans ces valeurs, on n'a pas tenu compte des accidents de terrain qui font parfois varier dans des conditions importantes l'estimation des variations barométriques. Ainsi, lorsqu'un courant N.-O s'établit sur la France, les Pyrénées et les Alpes, entravant l'action du vent, la pression augmente au N.-O et diminue au S.-E, changeant ainsi accidentellement les valeurs qui dépendent de la latitude. Afin de conserver l'unité nécessaire à notre sujet, nous renvoyons à la fin de ce volume l'étude des relations existant entre la hauteur du baromètre et l'état du ciel qui figurera au chapitre des Prévisions.

CHAPITRE IV

THERMOMÈTRE

I. — *Construction et graduation des Thermomètres.*

Parmi les instruments qui servent à mesurer les changements de température, les thermomètres sont les plus connus et les plus employés. Ces appareils, ainsi que leur nom l'indique, (*thermos*, chaleur, *métron*, mesure) sont destinés à mesurer les variations de la chaleur et du froid. On sait que tous les corps, lorsqu'ils sont échauffés, augmentent de volume dans des proportions variables suivant leur nature. Cette dilatation, presque insensible pour les solides, devient apparente pour les liquides et considérable pour les gaz.

Dès 1621, il existait des thermomètres; ces instruments, d'une construction grossière, furent perfectionnés et figurèrent bientôt parmi les appareils les plus importants de la physique.

On a longtemps discuté pour savoir à qui revenait l'honneur de l'invention du thermomètre; il semble que plusieurs savants ont dû, vers la même époque, concevoir cet utile instrument. François Bacon, Paolo Sarpi, Borelli, Drebbel

Galilée, Fludd, ont été tour à tour désignés comme premier inventeur.

Les thermomètres consistent essentiellement en un tube de verre d'un diamètre intérieur très petit, qui présente à son extrémité inférieure un renflement sphérique ou cylindrique. Ce tube est rempli de mercure, d'alcool ou d'esprit de vin ; lorsque la température du lieu où est placé le thermomètre s'élève, le liquide se dilate et la colonne monte ; s'il se refroidit au contraire la colonne baisse.

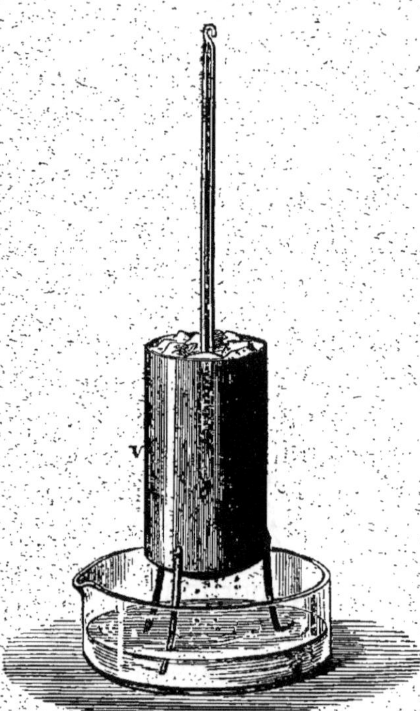

Fig. 13. — Appareil pour déterminer le point o de la graduation des thermomètres

On doit prendre différentes précautions dans la construction des thermomètres.

Pour apprécier les indications de la mesure de la colonne du thermomètre, on place une échelle près du tube ou mieux encore on la grave sur le tube lui-même. Mais pour que tous les thermomètres puissent être gradués de la même façon, il était nécessaire de choisir deux points fixes répondant à des températures invariables. Les points dont il s'agit correspondent : le premier à la température de la glace fondante ; le second, à celle de l'eau portée à l'ébullition.

Pour déterminer le premier point, on plonge le thermomètre dans un vase V. (fig. 13), contenant de la glace pilée ; on a soin de faire l'expérience dans une pièce dont la température est supérieure à 0 degré, de telle sorte que, la glace fondant peu à peu, toute la masse se maintient à la température de la glace fondante. Au bout d'une vingtaine de minutes, le mercure s'est établi à la hauteur correspondant à cette température et on indique le point précis où il reste stationnaire : ce point que l'on marque 0, est le point de départ de l'échelle thermométrique.

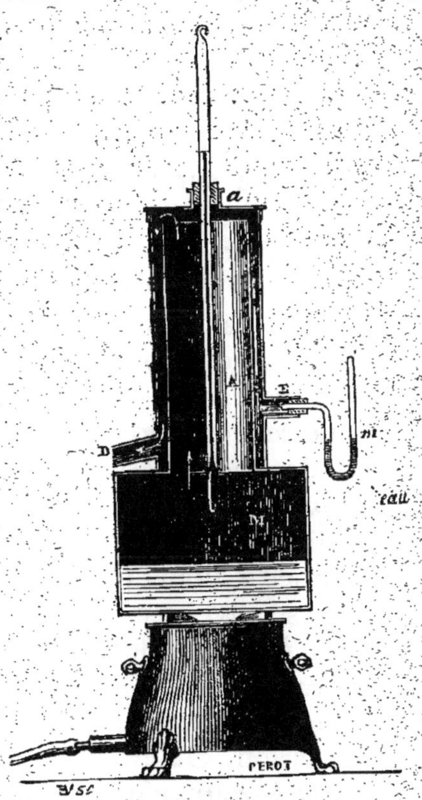

Fig. 14. — Appareil pour déterminer le point 100 de la graduation des thermomètres.

Pour trouver le second point fixe (fig. 14), on prend un vase à long col, renfermant de l'eau bouillante : on tient le thermomètre suspendu en *a* de façon à ce que la cuvette ne touche pas cette eau et ne se trouve en contact qu'avec la vapeur répandue dans les réservoirs M et A. Au bout de peu de temps, la colonne mercurielle, après quelques oscillations, reste stationnaire et indique le second point fixe. Dans cette seconde opération, on doit tenir compte de l'influence de la pression barométrique sur le point d'ébullition de l'eau; Biot a démontré qu'une variation de 27 millimètres dans l'indication de la colonne barométrique correspondait à 1 degré centigrade.

Lorsqu'on a déterminé les deux points fixes, il ne reste plus qu'à partager l'espace qui les sépare en fractions égales, que l'on nomme *degrés;* on continue cette division au-dessous de o degré et au-dessus de 100. C'est ce qu'on appelle *l'échelle thermométrique.* Il existe trois sortes principales de divisions de l'échelle thermométrique. Le thermomètre dont on se sert généralement en France est divisé en 100 parties, d'où le nom de *centigrade* sous lequel il est connu. On l'appelle aussi quelquefois *thermomètre de Celsius,* du nom d'un physicien suédois qui proposa, en 1740, cette division. On emploie également le *thermomètre de Réaumur* qui est divisé en 80 degrés.

En Allemagne, en Angleterre, aux États-Unis, on se sert de l'*échelle de Fahrenheit,* habile constructeur allemand, qui prit comme point fixe inférieur un mélange de glace et de sel ammoniac en conservant le point fixe supérieur. Ce procédé apporte une modification à la lecture des degrés; en effet, le zéro du thermomètre centigrade correspond au 32ᵉ degré de l'échelle *Fahrenheit.* Nous croyons que la table de comparaison du thermomètre centigrade et du Fahrenheit est seule indispensable. Quant au moyen de convertir le thermomètre centigrade en Réaumur, il est simple et l'on pourra calculer, en cas de besoin, une table de correspondance.

Comme les deux points fixes sont identiques et qu'il n'y a que le mode de division du même espace qui varie, on établit la règle suivante :

Un degré *Réaumur* est égal à un même degré centigrade plus un quart de ce nombre. Soit par exemple 22 degrés *Réaumur* à transformer en degrés centigrades nous aurons ;

$$22° \; Réaumur = 22° + \frac{22°}{4} \; \text{centigrades} = 27°,5 \; \text{cent.}$$

Une opération inverse permettrait de passer du thermomètre centigrade au Réaumur en divisant le nombre de degrés par 5, soit par exemple 16 degrés centigrades à convertir en Réaumur, il viendra :

$$16° \; \text{centigrades} = 16° - \frac{16°}{5} \; Réaumur = 12°,8 \; Réaum.$$

Les modes de transformations exigés par le thermomètre *Fahrenheit* ne nous permettent pas d'établir de règle aussi simple, c'est pourquoi nous donnons la table suivante :

Comparaison des thermomètres Fahrenheit et centigrade.
(Annuaire du Bureau des Longitudes.)

Fahrenh.	Centigrade.	Fahrenh.	Centigr.	Fahrenh.	Centigr.
— 4	— 20,00	33	0,56	70	21,11
— 3	— 19,44	34	1,11	71	21,67
— 2	— 18,89	35	1,67	72	22,22
— 1	— 18,33	36	2,22	73	22,78
0	— 17,78	37	2,78	74	23,33
1	— 17,22	38	3,33	75	23,89
2	— 16,67	39	3,89	76	24,44
3	— 16,11	40	4,44	77	25,00
4	— 15,56	41	5,00	78	25,56
5	— 15,00	42	5,56	79	26,11
6	— 14,44	43	6,11	80	26,67
7	— 13,89	44	6,67	81	27,22
8	— 13,33	45	7,22	82	27,78
9	— 12,78	46	7,78	83	28,33
10	— 12,22	47	8,33	84	28,89
11	— 11,67	48	8,89	85	29,44
12	— 11,11	49	9,44	86	30,00
13	— 10,56	50	10,00	87	30,56
14	— 10,00	51	10,56	88	31,11
15	— 9,44	52	11,11	89	31,67
16	— 8,89	53	11,67	90	32,22
17	— 8,33	54	12,22	91	32,78
18	— 7,78	55	12,78	92	33,33
19	— 7,22	56	13,33	93	33,89
20	— 6,67	57	13,89	94	34,44
21	— 6,11	58	14,44	95	35,00
22	— 5,56	59	15,00	96	35,56
23	— 5,00	60	15,56	97	36,11
24	— 4,44	61	16,11	98	36,67
25	— 3,89	62	16,67	99	37,22
26	— 3,33	63	17,22	100	37,78
27	— 2,78	64	17,78	101	38,33
28	— 2,22	65	18,33	102	38,89
29	— 1,67	66	18,89	103	39,44
30	— 1,11	67	19,44	104	40,00
31	— 0,56	68	20,00	105	40,56
32	— 0,00	69	20,56	106	41,11

Le thermomètre à mercure est le plus employé, car il présente des dilatations régulières pour des augmentations égales de température, de plus, le métal ne mouille pas le verre; il ne peut servir que dans l'estimation des températures moyennes; au-dessus de 350 degrés il entre en ébullition, et au-dessous de 30 ses indications sont fautives, car il devient pâteux étant près de son point de congélation qui arrive vers 40 degrés.

Tous les appareils construits sur ce principe sont comparables, c'est-à-dire que, dans les mêmes conditions, ils donnent les mêmes indications, en tenant compte de quelques corrections dont nous parlerons plus loin.

II. — *Thermomètres divers et mode d'observation.*

Le *thermomètre à alcool* ne diffère du précédent que par la nature du liquide contenu dans le tube; il n'est comparable au précédent qu'aux points fixes 100 et 0 degrés, à cause de la dilatation inégale de l'alcool entre ces deux points; du reste on a généralement l'habitude de le graduer par comparaison avec un thermomètre à mercure; il est surtout employé dans les températures très basses, car il a l'avantage de ne pas se congeler, quelle que soit la rigueur du froid.

Les *thermomètres à air* offriraient de grands avantages, mais l'air ayant une dilatation considérable, on devrait employer un tube fort long; de plus, il faudrait tenir compte exactement de l'influence que la pression atmosphérique leur ferait subir; ces inconvénients ont fait rejeter ces appareils et les seuls instruments employés avec les thermomètres que nous venons de voir, sont les *thermométro-graphes*.

Les thermométrographes sont des instruments qui indiquent d'une façon permanente le *plus haut* ou le *plus bas* degré auquel la température est parvenue. Ils sont connus aussi sous le nom de thermomètres à *minima* et à *maxima* (fig. 15 et 16). Les appareils de ce genre sont fort nombreux, le plus connu est celui de *Rutherford*. Cet instrument consiste en deux thermomètres ordinaires, l'un à mercure, l'autre à alcool, placés horizontalement. Seulement le premier, destiné à marquer la tem-

Fig. 15. — Thermomètre à *minima*.

pérature maximum, possède à l'intérieur du tube un index d'acier qui doit poser sur la colonne de mercure ; on conçoit que le métal en se dilatant pousse l'index et l'abandonne en se contractant ; le second contient également, à l'intérieur du tube, un petit cylindre d'émail très léger qui reste comme suspendu dans l'alcool ; lorsque la colonne d'alcool baisse, l'index est entraîné avec lui ; au contraire, lorsque ce liquide monte, il laisse l'index en place. On comprend alors que la position de l'index indique les températures extrêmes qui ont sévi depuis la dernière observation. Ce thermométrographe, qui porte le nom de *Rutherford*, semble avoir été imaginé par les membres de l'Académie del Cimento de Florence, mais les Anglais se le sont approprié. Une lettre de Bernouilli à Leibnitz prouve que ce savant avait eu également l'idée de thermomètres enregistrant eux-mêmes les observations.

Au thermomètre dont nous venons de parler, on préfère divers appareils similaires, entre autres le *thermomètre à maxima* de *Negretti*, construit de la manière suivante : C'est un thermomètre à mercure, placé presque horizontalement, et dont la tige est étranglée en R près du réservoir. Le mercure,

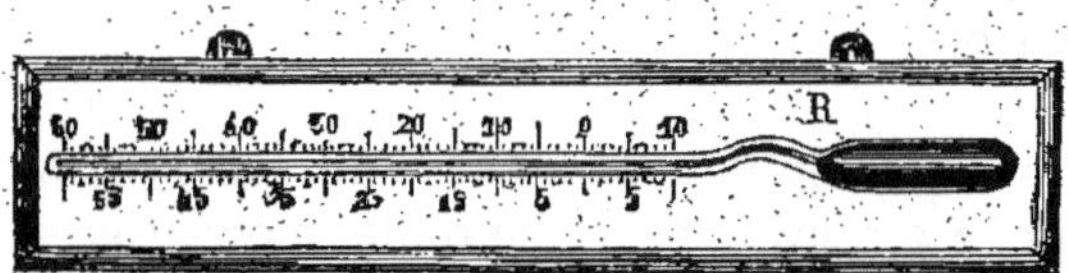

Fig. 16. — Thermomètre à *maxima*.

en se dilatant, franchit aisément cet obstacle, mais quand la colonne baisse, il ne peut pénétrer, à cause de l'étranglement, dans la cuvette dont le niveau baisse en laissant un vide entre ce niveau et la colonne de mercure. Le maximum est donc indiqué par l'extrémité de la colonne la plus éloignée du réservoir.

Je me borne à signaler le *thermomètre différentiel* de *Leslie*.

M. Bréguet a inventé un ingénieux thermomètre métallique, destiné à mesurer les variations légères et subites de température.

Cet instrument est fondé sur l'inégale dilatabilité du platine et de l'argent avec lesquels on forme des lames extrêmement minces. Entre ces deux lames est placée une autre lame d'or dont le coefficient de dilatation est moyen entre celui des deux métaux que nous considérons.

Ces lames sont enroulées en spirales ; l'argent, se dilatant davantage, courbe les lames et resserre la spirale qui porte à son extrémité inférieure une aiguille se mouvant sur un cercle gradué. Lorsque l'action inverse a lieu, l'aiguille indicatrice se meut en sens inverse et marque sur le cercle gradué le degré de la température.

Signalons aussi un curieux thermomètre qui porte le nom de *négatif*.

M. D. Latschinoff a proposé d'utiliser l'ébonite pour constituer le réservoir de la colonne mercurielle ; l'ébonite ayant un coefficient de dilatation plus grand que le mercure, on arrive à ce singulier résultat, que le niveau du mercure descend avec l'élévation de la température et qu'il s'élève, au contraire, quand celle-ci diminue. A une augmentation de $20°$ C... correspond une descente du mercure de 0^m025. Il reste à examiner si l'ébonite est une substance propre à fournir pendant longtemps des résultats constants et exacts.

Nous allons étudier l'installation et le mode d'observation des thermomètres. On doit généralement consulter le thermomètre à mercure ordinaire, les thermomètres à *maximum* et à *minimum* et le thermomètre *fronde*.

Il est nécessaire, lorsque le thermomètre n'est pas gradué sur le verre même, de le fixer sur la planchette, de façon qu'elle s'arrête au bas de la tige de l'instrument, avant le réservoir, afin que celui-ci soit absolument exposé à l'air de tous côtés.

Le Bureau central météorologique se charge de la comparaison des thermomètres avec un thermo-

Fig. 17. — Abri des instruments employé à l'observatoire de Montsouris.

mètre étalon, afin de vérifier les points extrêmes de température.

On recommande de faire les observations thermométriques dans les conditions suivantes : On doit placer les instruments sous un *abri* (fig. 17) : on désigne ainsi une sorte de toit A en planche ou

en zinc peint en blanc, recouvrant quatre pieux
également espacés. Cet abri, assez solide pour résister aux coups de vent, doit être placé sur un sol
gazonné pour que les instruments *a b* soient garan-
tis contre la réverbération du sol. On devra aussi
les protéger contre les rayons du soleil en les abri-
tant derrière des écrans B et C.

Les appareils sont placés environ à 2 mètres
au-dessus du sol : on lit donc leurs indications en
montant sur un escabeau. Le thermomètre ordinaire ne nécessite aucune remarque spéciale, on
lit les degrés en évaluant à l'œil les fractions en
dixièmes : 13°5 par exemple. Le thermomètre à
maximum doit toujours être presque horizontal ou
incliné de quelques degrés. Après la lecture du
Negretti, on doit le redresser en frappant à petits coups sur son tube pour faire rentrer le mercure dans la cuvette. Le thermomètre à *minimum*
de Rutherford doit être placé comme le précédent,
après chaque observation on le redresse, la cuvette
en haut, afin de faire descendre l'index jusqu'à l'extrémité de la colonne d'alcool.

Les thermomètres *frondes* sont simplement des
thermomètres à mercure pendus à un cordon qu'on
tient à la main ; en les faisant tourner comme une
fronde, ils permettent d'évaluer fort exactement la
température moyenne de l'air.

Une sorte de thermomètre fronde d'un système
fort ingénieux a été proposée. Cet appareil consiste en un support, qui porte le thermomètre
posé sur un pivot emmanché dans un pied.
Un mouvement de rotation rapide est donné au
système à l'aide d'une corde ; ainsi qu'on peut le

voir dans la figure 18. Il est bon d'observer également, lorsqu'on le peut, la température particulière de l'eau ou du sol.

La température, qui est un des éléments les plus importants à consulter au point de vue de la climatologie, provient de trois causes qui ne participent pas au résultat dans les mêmes conditions.

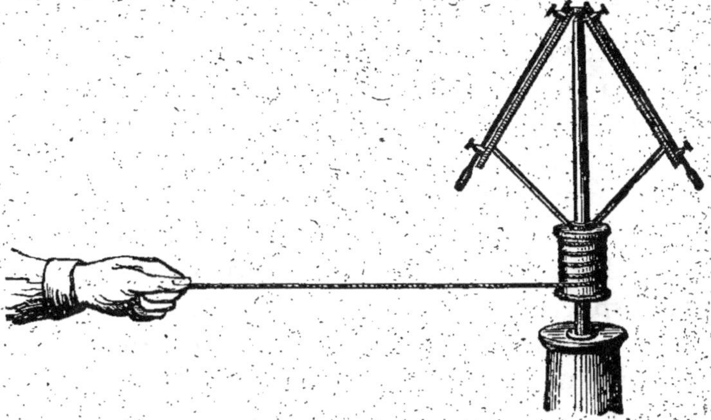

Fig. 18. — Appareil pour imprimer aux thermomètres un mouvement de rotation. 1

La première dépend essentiellement du soleil; c'est la principale cause des variations de température qu'on peut observer sur la terre ; la seconde, bien moins importante que la précédente, est la chaleur propre de la terre, et la troisième enfin tient à la température propre des espaces interplanétaires.

III. — *Absorption de la lumière par l'atmosphère.*

On sait que la chaleur et par conséquent la lumière du soleil est beaucoup plus considérable lorsque celui-ci est au zénith que lorsqu'il est à l'horizon. On peut s'en rendre compte d'une manière fort simple en se rappelant qu'on ne peut considérer fixement cet astre que lorsqu'il est élevé dans sa course, mais qu'au moment de son coucher sa lumière est si faible qu'on peut regarder sans crainte son disque pâli.

De Saussure a indiqué, sous le nom d'*héliothermomètre*, un appareil qui permet de déterminer le degré d'absorption de la lumière du soleil par l'atmosphère.

Cet instrument est formé d'une boîte tapissée de corps mauvais conducteurs de la chaleur, de couleur noire, fermée d'un côté par des lames de verre transparentes. On y place un thermomètre à boule noircie et on l'installe de façon que les rayons solaires frappent perpendiculairement les lames de verre.

Herschel a proposé un appareil semblable que nous étudierons, un peu plus loin, sous le nom d'*actinomètre*.

On peut conclure d'un grand nombre d'observations que, lorsque le soleil est à une hauteur de 40°30', les deux tiers seulement de sa chaleur nous parviennent; quand il n'est plus qu'à 21°30', nous n'en recevons plus que la moitié. Le reste est absorbé par l'atmosphère.

On se rendra bien mieux compte de la perte sensible que nous fait éprouver la couche d'air qui nous entoure en désignant par 100 le nombre de rayons qui parviennent à notre atmosphère dans un jour parfaitement serein; 80 à 70 seulement arrivent jusqu'au sol, le quart est retenu par notre enveloppe aérienne. On conçoit que, pour des époques où le temps est couvert, cette proportion de 80 pour 100 diminue sensiblement.

En moyenne, on peut compter que nous ne recevons pas la moitié de la chaleur que le soleil nous envoie. Cette chaleur nous échappe et rayonne vers les espaces planétaires, mais on admet qu'elle éprouve plus de difficulté à nous fuir qu'à nous parvenir, grâce à l'écran que la vapeur d'eau semble former autour de la terre.

Malgré ces expériences, nous ne pouvons nous former une idée exacte de la quantité de chaleur qui émane du soleil et se répand dans toutes les directions. C'est grâce à l'atmosphère qui l'entoure que la terre est habitable. Sans cette enveloppe protectrice notre globe, brûlé par les feux du soleil, serait incapable de nourrir aucun être vivant, végétal ou animal.

Une grande partie de la chaleur qui nous arrive du soleil est d'abord absorbée par l'atmosphère; ensuite, grâce au rayonnement, la terre renvoie dans l'espace cette chaleur qui est venue jusqu'à sa surface. L'atmosphère, en laissant passer les rayons caloriques, en absorbe une quantité appréciable. On peut s'en rendre compte facilement en se rappelant que si le soleil est plus chaud au zénith qu'à l'horizon, c'est parce que ses rayons ont une moindre épaisseur d'air à traverser dans le premier cas que dans le second. Cette observation simple devient difficile et délicate lorsqu'on veut apprécier la mesure exacte de l'affaiblissement des rayons solaires.

De Saussure avec son héliothermomètre, sir John Herschel, à l'aide de son actinomètre, sont arrivés à des conclusions intéressantes, mais c'est à Pouillet qu'on doit les véritables expériences sur ce sujet. Il a formulé ainsi le résultat de ses recherches :

Lorsque l'atmosphère a toutes les apparences d'une sérénité parfaite, elle absorbe encore près de la moitié de la quantité totale de la chaleur que le soleil émet vers la Terre et c'est l'autre moitié seulement de cette chaleur qui arrive jusqu'à la surface du sol et qui s'y trouve diversement répartie, suivant qu'elle a traversé l'atmosphère avec des obliquités plus ou moins grandes.

De plus, si cette quantité totale de chaleur solaire, qui, dans une année, pénètre jusqu'à la surface terrestre, était uniformément répartie sur tous les points du globe et employée sans perte aucune à faire fondre de la glace, elle serait capable de fondre une couche de glace qui envelopperait la Terre entière et qui aurait une épaisseur de 30 mètres 89 centimètres.

Mais, il est évident que si une pareille quantité de chaleur eût pu s'accumuler dans la Terre, elle eût non seulement fondu les glaces polaires, mais encore elle eût transformé toute la surface de notre globe devenue brûlante et absolument stérile. Mais la surface du globe, comme celle de tous les corps, absorbe et rayonne la chaleur en même temps.

Bien plus, le pouvoir rayonnant ou émissif est toujours égal au pouvoir absorbant, car, sous les mêmes circonstances, les corps qui s'échauffent rapidement se refroidissent avec une égale rapidité.

En conséquence, si la Terre reçoit plus de chaleur qu'elle n'en rayonne pendant que le soleil est au-dessus de l'horizon, elle rayonne cet excédent pendant la nuit et maintient, de cette manière, à sa surface, l'équilibre de température nécessaire à la conservation et au développement de la vie chez les êtres innombrables qui l'habitent.

Les variations de température qu'on observe pendant les divers mois de l'année résultent d'abord de l'angle sous lequel les rayons du soleil viennent frapper la terre, ensuite de la longueur du jour. La température moyenne de la terre est donc invariable, puisqu'on voit parfaitement, à priori, que la somme de chaleur emmagasinée pendant les longs jours d'été, peu diminuée en somme par le rayonnement des nuits fort courtes, est justement perdue par le peu de chaleur reçue par la terre dans les courtes journées d'hiver et par le rayonnement des longues nuits de cette époque.

On peut admettre un globe idéal, constitué d'une substance unique, au niveau de la surface de l'océan ; ce globe absorberait le calorique fourni par le soleil et le rayonnerait également ; la chaleur se répartirait en zones égales, parallèles à l'équateur, diminuant d'intensité jusqu'au pôle ; on observerait en effet les températures les plus élevées à l'équateur, les plus basses aux deux pôles ; tandis que les régions moyennes se rencontreraient au 45e degré de chaque côté de l'équateur.

Comme la constitution de la terre est loin de

répondre à ce globe idéal, que beaucoup de circonstances viennent entraver cette distribution régulière de la chaleur, on ne remarque pas de zones aussi tranchées. L'altitude de la contrée, sa proximité de l'océan, la nature des cultures suffisent pour faire varier les courbes d'égale chaleur.

Si on trace, en effet, les lignes *isothermes* (*isos*-semblable — *thermè*-chaleur) qui correspondent à des températures moyennes égales, on verra que l'équateur *thermal* est loin de coïncider avec l'équateur terrestre ; de plus, on s'apercevra qu'à mesure qu'on s'éloigne de l'équateur, les lignes isothermes sont de plus en plus sinueuses ; on observera en outre que les pôles du froid sont loin de coïncider avec les pôles terrestres.

IV. — *Températures moyennes.*

Il est intéressant, pour l'étude de la détermination du climat, de connaître exactement la moyenne des températures d'un jour, d'un mois, d'une année et enfin la température moyenne du lieu.

Les météorologistes ont établi en principe qu'il n'était pas indispensable de faire de longues séries d'observations pour arriver à déterminer la température moyenne du jour, il suffit de prendre les deux températures maximum et minimum de la journée ; le maximum ayant lieu à deux heures de l'après-midi, le minimum une demi-heure avant le lever du soleil ; ou bien d'observer à neuf heures du matin, deux heures après midi et neuf heures du soir.

La moyenne mensuelle s'obtient en additionnant les valeurs moyennes trouvées pour chaque jour et en divisant par le nombre de jours.

Dans nos climats, c'est au mois de janvier qu'on remarque la température la plus basse ; elle s'élève lentement en février, rapidement en avril et mai et atteint lentement son maximum en juillet ; elle redescend lentement en août, plus vite en septembre et octobre et gagne son minimum dans le milieu de janvier. La marche de température que nous indiquons ici s'explique facilement : elle suit, avec un léger retard, les diverses positions du soleil par rapport à notre hémisphère.

Nous puisons dans l'*Annuaire de l'Observatoire de Montsouris* les renseignements suivants :

Températures moyennes de l'air à l'ombre, moyennes des maxima et minima pendant les années

	1872-73.	1873-74	1874-75.	1875-76.	1876-77.	1877-78.
	°	°	°	°	°	°
Octobre...	10,5	11,0	11,6	10,3	13,1	10,4
Novembre.	8,6	7,2	6,0	6,3	7,1	8,5
Décembre.	6,5	3,2	0,7	2,2	7,1	3,9
Janvier ...	4,9	4,7	5,4	0,4	6,4	2,7
Février ...	2,2	4,3	1,7	4,7	7,0	5,3
Mars......	8,3	7,2	5,6	7,3	5,9	6,7
Avril......	9,0	11,8	10,4	10,6	10,1	11,6
Mai.......	11,9	11,7	15,7	11,8	11,5	14,5
Juin.......	17,0	17,6	17,6	17,0	19,8	17,5
Juillet.....	19,9	21,5	17,8	20,6	18,4	18,9
Août......	19,3	18,1	19,6	20,2	18,9	18,7
Septembre.	14,5	16,9	17,8	15,1	13,0	15,3

Lorsqu'on a déterminé la température moyenne de chaque mois, on peut connaître facilement la température moyenne de l'année en divisant par 12 la somme des moyennes mensuelles.

On pourrait encore arriver à ce résultat en prenant la moyenne des observations faites à neuf heures sous notre latitude ; la discussion d'un grand nombre d'observations prouve encore qu'on peut l'obtenir sensiblement en prenant simplement la moyenne calculée pour le mois d'octobre.

On peut voir ci-dessous le résultat de ces moyennes mensuelles.

Températures moyennes mensuelles par périodes d'années.

	1735-40.	1806-18.	1819-48.	1849-72.	1806-70.
	o	o	o	o	o
Janvier	3,6	2,1	1,9	3,0	2,4
Février	4,5	4,9	4,0	4,5	4,5
Mars	6,3	6,3	6,6	6,3	6,4
Avril	8,9	9,3	10,2	10,7	10,1
Mai	13,9	14,9	14,2	13,8	14,2
Juin	17,7	16,6	17,4	17,1	17,2
Juillet	19,4	18,5	18,9	19.1	18,9
Août	18,5	17,9	18,7	18,4	18,5
Septembre	16,7	15,4	15,8	15,7	15,7
Octobre	11,0	11,1	11,4	11,3	11,3
Novembre	4,2	6,3	6,9	5,9	6,5
Décembre	3,9	3,4	3,8	3,4	3,7
Année	10,7	10,5	10,8	10,8	10,8

En France, ces écarts de température ne dépassent pas 16 degrés environ ; d'après la comparaison faite par Kaemtz, on peut établir le tableau suivant :

Moyenne des étés et des hivers en France.

Lieux.	Hiver.	Été.	Différence.
Saint-Malo	5°,67	18°,90	13°,23
Dunkerque	3°,56	17°,68	14°,12
La Rochelle	4°,78	19°,22	14°,44
Paris	3°,59	18°,01	14°,42
Montmorency	3°,21	18°,96	15°,75

Ce résultat n'indique pas absolument, comme on pourrait le croire, la température moyenne du lieu d'observation; il est soumis entre autres à l'influence de la latitude; ainsi, la température moyenne déterminée pour Paris ne dépasse pas 10 degrés 8 : le tableau suivant contient, pour les principales villes de France, les éléments de la température moyenne.

Lieux.	Hauteur au-dessus de la mer.	Années.	Hiver.	Printemps.	Eté.	Automne.	Mois le plus froid.	Mois le plus chaud.
Paris............	64	10,8	3,3	10,3	18,1	11,2	1,8 janv.	18,9 juillet.
Montmorency.	140	10,9	2,8	10,6	18.7	11,4	0,9 janv.	19,7 (?) juill.
La Rochelle..	»	11,6	4,2	10,6	19,4	11,3	2,9 déc.	20,2 juillet.
Toulouse.....	152	12,9	5,2	11,8	19,9	13,9	4,1 janv.	21,5 août.
Bordeaux.....	»	13,9	6,1	13,4	21,7	14,4	5,0 janv.	22,9 juillet.
Montpellier...	»	14,1 / 15,3	6,9	13,8	24,4	16,1	5,6 janv.	25,7 juillet.
Marseille.....	45	14,1	6,9	12,9	21,4	14,7	5,2 janv.	22,8 juillet.
Avignon......	»	14,4	5,8	13,9	23,1	14,6	4,8 janv.	23,8 août.
Toulon.......	»	15,1	8,6	13,3	22,3	16,3	7,5 janv.	23,2 juillet.
Perpignan....	53	15,5	7.2	14,4	23,9	16,2	5,5 janv.	25,5 juillet.
Nice.........	»	15,6	9,3	13,3	22,5	17,2	8,3 janv.	23,6 août.

Nous venons de voir plus haut les extrêmes de température; signalons, en passant, les températures moyennes assignées à l'Équateur et au Pôle.

Pour l'Équateur, il semble que l'on puisse admettre avec confiance la valeur de la température moyenne $+$ 27 degrés 5 indiquée par de Humboldt.

Pour la température du pôle nord, elle est

beaucoup plus douteuse; en effet, on ne peut la connaître que par approximation, car on n'est pas encore parvenu jusqu'à ce point : on n'a donc jusqu'à présent que des éléments basés sur des calculs hypothétiques. Arago a démontré qu'on se trompe généralement beaucoup sur la valeur attribuée à cette température; il l'estime égale à — 32 degrés si la terre ferme se continue jusqu'au pôle et à — 18 degrés seulement si, comme on le croit, ce point est environné d'eau. Ces valeurs semblent trop élevées; les moyennes généralement admises correspondent à — 8 degrés si le pôle est entouré d'eau; elles pourraient même être estimées à — 5 degrés 7 si l'on se base sur la température déduite des observations faites sur les points les plus proches du pôle où l'on soit parvenu jusqu'ici. La seconde quantité est donnée par les observations des températures des deux mers qui l'environnent.

L'étude de la décroissance de la température avec la hauteur ne rentre pas dans les recherches que nous nous sommes fixées; qu'il suffise de savoir, à ce sujet, que la température varie de 1 degré pour une hauteur de 159 mètres environ sous les latitudes moyennes.

Cette évaluation doit être évidemment variable suivant les accidents du terrain, l'échauffement du sol, etc. Aussi, à ce sujet, les observations en ballon offrent-elles un intérêt sérieux; malheureusement, les ascensions à grande hauteur sont assez rares et les aéronautes restent peu de temps en l'air. Les valeurs fournies par ces expériences donnent une élévation de 200 mètres environ pour 1 degré centigrade.

Voici l'indication des principaux résultats recueillis par Bravais.

Observateurs.	Limite de la couche d'air.		Décroissance de 1° pour
Gay-Lussac..............	0^m	$3,800^m$	$188^m,5$
	$3,800^m$	$5,700^m$	$185^m,8$
	5.700^m	$6,900^m$	$161^m,2$
Zeune et Jungins.......	0^m	$3,900^m$	$189^m,0$
Graham et Beaufroy...	0^m	$3,800^m$	$185^m,0$
Sacharoff...............	0^m	$2,600^m$	$224^m,0$
	0^m	$2,800^m$	$135^m,0$
Clayton................	$2,800^m$	$4,800^m$	$291^m,0$
	$4,800^m$	$5,450^m$	$255^m,0$

Il est bon de remarquer que les moyennes de température sont profondément affectées par les phénomènes dus à l'évaporation ; les vents peuvent aussi les faire varier. On sait que les vents du Sud sont chauds et les vents du Nord froids, ce dont on peut se rendre compte par la lecture du tableau suivant déduit d'un grand nombre d'années d'observations.

Villes.	N.	N.-E.	E.	S.-E.	S.	S.-O.	O.	N.-O.
	°	°	°	°	°	°	°	°
Paris.....	12,03	11,76	13,50	15,25	15,43	14,93	13,64	12,39
Londres...	7,65	8,08	9,63	10,58	11,35	10,86	10,24	8,71

V. — *Températures extrêmes.*

Avant de passer à l'étude de la température moyenne du lieu d'observation, qui est le but des études thermométriques, il peut être intéressant de connaître les températures extrêmes auxquelles l'homme a pu résister. Sous nos climats tempérés, cette observation peut donner lieu à des remarques curieuses.

Ainsi, dans les éléments météorologiques publiés par l'observatoire de Montsouris, on peut relever les températures suivantes, les plus hautes qui aient été observées à Paris.

Années.	Températures.	Dates.
1720	40°,0	»
1763	39°,0	19 août.
1773	39°,4	14 août.
1782	38°,7	16 juillet.
1793	38°,4	8 juillet.

Nous devons, depuis la fin du XVIIIe siècle, arriver jusqu'en 1874 pour avoir :

Années.	Températures.	Dates.
1874	38°,4	9 juillet.

Les températures minima observées à Paris sont les suivantes :

Années.	Températures.	Dates.
1709	— 18°,7	»
1716	— 19°,7	22 janvier.
1776	— 19°,1	29 janvier.
1783	— 19°,1	30 décembre.
1788	—21°,5	31 décembre.

Années.	Températures.	Dates.
1795........	— 23°,5	25 janvier.
1838.........	— 19°,0	20 janvier.
1871 (1).......	— 21°,3	9 décembre.

L'écart entre ces deux observations extrêmes atteint donc + 40 — 23.5 — 63°5.

Lorsqu'on remonte vers les latitudes plus élevées, on obtient des résultats encore bien plus curieux ; les températures les plus hautes qu'on ait observées sont + 47°4, citée par Burckardt en Egypte ; + 54°44 (à l'ombre) et + 65°55 (au soleil) dans les déserts de Nubie, et enfin celle qui est rapportée par le capitaine Griffith, près de l'Euphrate, atteignait + 55°5 (à l'ombre), + 68°80 (au soleil). Les plus basses, endurées l'une de — 56°7 par le capitaine Back dans l'Amérique du Nord, en janvier 1834, l'autre de — 60 par Nevirof, le 21 janvier 1838, à Iakoutsk.

Les différences de températures atteignent donc (+ 55,5 — 60) — 115°5.

On a rarement vu des observateurs subir, sans transition, des différences de température aussi considérables ; cependant, un voyageur de mes amis m'a indiqué les rapides variations suivantes qu'il a supportées en Algérie. Dans la province d'Oran, pendant l'hiver de 1881-1882, à une altitude de 1,000 mètres environ, on a pu signaler des températures égales à — 10° pendant la nuit et à + 30° durant le jour ce qui présente un écart de 40° :

(1) On a signalé à l'Observatoire du parc de Saint-Maur une température *minima* de 25°,6, le 11 décembre 1879, à une heure du matin. C'est, comme on le voit, la plus faible température qui ait été observée dans la région de Paris.

On ne connaît pas exactement quelle température habituelle l'homme peut supporter, on sait seulement qu'elle est considérable lorsqu'elle est endurée pendant peu de temps.

Tillet, cité par Arago, rapporte (1) que les filles de service attachées au four banal de la ville de La Rochefoucault, restaient habituellement *dix minutes* dans ce four sans trop souffrir de la température qui y était de *cent trente-deux degrés* centigrades, c'est-à-dire *de 32° supérieure à la température de l'eau bouillante*. Au moment d'une des expériences, il y avait autour de la fille de service des pommes et de la viande qui cuisaient.

Le fait peut paraître difficile à croire; il est vrai cependant. L'expérience a été tentée plus tard par plusieurs observateurs qui ont supporté des températures aussi élevées.

On ignore généralement la chaleur maximum que l'on peut supporter en trempant sa main dans différents liquides ; elle atteint :

47° centigr. dans le mercure ;
50°,5 centigr. dans l'eau ;
54° centigr. dans l'huile ;
54°,5 centigr. dans l'alcool.

VI. — *Températures de l'espace interplanétaire.*

Nous ne pouvons qu'indiquer ici les observations qui ont rapport à la température propre de la terre et de l'espace, car ces éléments n'affectent point le

(1) Tillet, *Mémoires de l'Académie* pour 1764.

thermomètre. Jusqu'ici nous nous sommes particulièrement occupés des couches inférieures de l'atmosphère et nous avons considéré le soleil comme
le seul producteur de chaleur; or, personne n'i-
gnore qu'à mesure que l'on s'enfonce dans le sein de
la terre, la température augmente de 1 degré centigrade suivant la nature du terrain et les circonstances locales pour une profondeur de 12 à 35 mètres). Si l'on fait pénétrer des thermomètres sous
la terre, à une profondeur variable avec les latitudes, l'instrument reste stationnaire pendant toute
l'année.

Pour Paris, les thermomètres placés dans les
caves de l'Observatoire, à une profondeur d'environ
27 mètres, indiquent une valeur constante de 12 degrés. On ne sait rien de précis sur la façon dont la
chaleur se comporte à l'intérieur de la terre; suivant
certains savants on serait conduit à admettre que
l'accroissement est indéfini; dans ces conditions, à
3,200 mètres, la température serait portée à celle
de l'eau bouillante, et le centre de la terre serait
formé d'un noyau de matières à l'état de fusion.

Si nous nous occupons maintenant de la température du milieu dans lequel la terre gravite autour
du soleil, nous sommes contraints d'avouer que
nous l'ignorons absolument. Des hypothèses nombreuses se sont produites et lui assignent des
valeurs différentes. Fourier la supposait un
peu inférieure à celle des pôles, c'est-à-dire égale à
— 50° ou — 60°; Svanberg arrivait au même résultat; Arago affirmait qu'elle était notablement plus
faible que — 56°7, température observée par le capitaine Back au Fort Reliance; Péclet la fixait à

— 60, Sargey à — 65°, d'autres observateurs,
à — 77°; sir Herschel lui assigne une valeur
de — 91° alors que Poisson ne lui accorde que
— 13°; mais, la valeur la plus élevée est due à
Pouillet qui, d'après des observations fort exactes,
lui attribue —140°. L'énorme différence qu'on peut
remarquer entre ces résultats prouve combien les
méthodes employées sont hésitantes et combien la
question est complexe. Quoi qu'il en soit, cette
température paraît n'avoir qu'une très faible influence sur celle de l'atmosphère.

VII. — *Variation des températures avec les latitudes.*

Nous croyons utile d'aller au-devant d'une ob-
jection qui a été souvent formulée. On s'étonne généralement que, bien que la partie de la terre que
nous habitons soit plus près du soleil en hiver
qu'en été, la température semble varier en sens inverse. L'explication de cette anomalie apparente
est simple et repose sur des causes facilement appréciables. La première est l'inégale durée du jour
et de la nuit; quand la terre reçoit plus de chaleur
pendant le jour qu'elle n'en perd durant la nuit, la
température augmente; dans le cas contraire, elle
diminue. La deuxième cause tient à ce que les
rayons du soleil nous arrivant obliquement ont une
bien plus grande épaisseur à traverser et par conséquent se trouvent plus absorbés; d'autres raisons

viennent encore prouver l'exactitude de cette explication. Les saisons sont assez régulières lorsqu'on réunit une longue suite d'observations; mais cette régularité apparente disparaît lorsqu'on est amené à comparer entre elles les valeurs, d'année à année; cela tient à l'influence des vents, des pluies, etc.

Sous la zone torride, la température est à peu près constante; mais, sous nos latitudes, elle est soumise à de nombreuses variations provenant de circonstances locales. Nous avons vu que les lignes isothermes sont celles qui passent par les points d'égale chaleur. La géographie physique rend sensibles les détails de leur étude; nous nous bornerons à dire en passant que, dans les climats tempérés, les côtes orientales ont une température inférieure à celle des côtes occidentales. Ainsi, à Québec qui se trouve sur le même parallèle que La Rochelle, le froid y est bien plus grand. Il en est de même de Pékin dont la latitude est la même que celle de Naples et dont la température est plus faible que celle de Paris.

Des lignes semblables aux précédentes sont tracées par les lieux qui ont des étés d'égale chaleur et des hivers d'égal froid. Ces lignes ont reçu le nom d'*isothères* (*isos* égal, *théros* été) et *isochimènes* (*isos* égal, *cheimôn* hiver). Les premières s'élèvent vers le pôle quand on les suit d'occident en orient, et c'est seulement à l'intérieur des continents que l'accord semble renaître entre les lieux d'égale latitude et les moyennes d'été égales, bien qu'on remarque les variations de latitude suivantes pour une température égale :

Lieux.	Latitude.	Isothère.
Tubingue............	48°,31	17°,10
Dunkerque.........	51°,2	17°,68
Wilna...............	54°,41	17°,60
Iakouzk............	62°,1	17°,20

Les Isochimènes s'abaissent vers le sud à mesure qu'on s'éloigne des côtes occidentales pour s'avancer vers l'orient. Les pays situés vers l'est ont donc à latitude égale des hivers plus rigoureux que ceux qui sont vers l'ouest. On a trouvé que des lieux qui présentent la même moyenne hivernale pouvaient différer de 18 et même de 20 degrés. L'hiver de l'Ecosse est aussi doux que celui de Milan. On conçoit facilement que ces conditions climatologiques aient une grande influence sur la distribution des hommes et des animaux ; il est du domaine de la géographie de développer ces intéressantes questions (1). Il est nécessaire de tenir compte dans les observations thermométriques de l'influence de l'altitude sur la valeur de l'observation : il y a une décroissance marquée dans l'indication du thermomètre à mesure qu'on s'élève au-dessus du sol. La valeur de cette décroissance varie suivant l'exposition du lieu et les circonstances locales.

(1). Voy. Lombard, *Traité de Climatologie médicale*, Paris, 1877-1880, et Boudin, *Traité de Géographie médicale*, Paris, 1857.

CHAPITRE V

HYGROMÈTRE ET PSYCHROMÈTRE

I. — *Appareils divers pour la mesure de
l'humidité de l'air.*

On nomme *hygromètres* des instruments destinés à mesurer la quantité d'humidité contenue dans
l'air.

On en a imaginé un très grand nombre. Nous
allons passer rapidement en revue ceux de ces appareils qui sont susceptibles de rendre quelques services.

L'estimation de l'humidité de l'air présente,
comme on va le voir, quelques difficultés. On sait
que l'atmosphère contient toujours une certaine
quantité de vapeur d'eau, mais elle est loin d'en
être toujours chargée au même degré. L'air nous
semble très humide quand il est à peu près saturé,
et très sec quand il est le plus éloigné de cette saturation.

Un grand nombre de substances végétales indiquent les divers degrés d'humidité auxquels elles
sont soumises; sans nous arrêter à l'étude de ces
procédés grossiers, nous rappellerons qu'une
éponge, de la potasse caustique, de l'acide sulfurique, ont été successivement employés pour déterminer, par leur augmentation de poids, les de-

grés d'humidité de l'air. Une corde trempée dans de la saumure, une barbe d'avoine servent au même usage par la propriété qu'elles possèdent de se détordre en raison du degré d'humidité; les cordes à boyau ont longtemps été utilisées pour faire des hygromètres, elles indiquaient par leur allongement l'augmentation dans la proportion de vapeur d'eau.

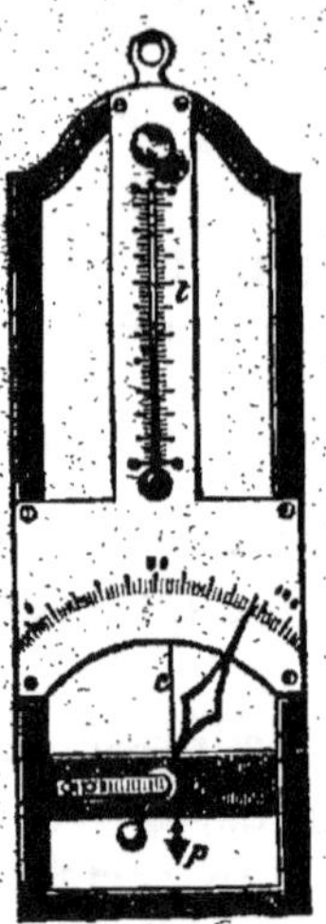

Fig. 19. — Hygromètre Saussure.

Tous ces appareils sont insuffisants pour les observations météorologiques; l'hygromètre de ce genre dont on recueille les indications les plus exactes est l'hygromètre de Saussure (fig. 19). Cet appareil consiste dans un cheveu c, préalablement dégraissé, fixé par une de ses extrémités, tandis que l'autre est enroulée sur une poulie à laquelle est attachée une aiguille et porte un petit poids p afin de tenir le cheveu tendu. Suivant le degré de sécheresse le cheveu s'allonge ou se raccourcit et fait par conséquent tourner la poulie d'une quantité qui est mesurée par la marche de l'aiguille sur un cercle gradué. Le point zéro correspond à la sécheresse et le point 100° à l'extrême humidité.

Certains petits jouets, connus sous le nom d'*hygroscopes*, sont absolument grossiers et ne donnent aucune indication utile; ils ont généralement la forme de capucins dont la tête est couverte d'un capuchon. Lorsque le temps est humide, le capuchon couvre la tête du personnage; il retombe au

contraire lorsque l'air devient sec. Ce mouvement
est commandé par une corde à boyau tordue, qui en
se détordant communique dans l'un ou l'autre sens
son mouvement au capuchon.

On a essayé de construire des hygromètres avec
une grande quantité de substances; nous croyons
intéressant de signaler un des plus curieux.

En 1809, Gough inventa l'*hygromètre de bois* le
plus délicat et le plus exact que l'on connaisse. Il
consistait en un cadre de métal dont le bord supérieur et les deux bords latéraux étaient droits et à
angles droits; le bord inférieur était incliné et voici
comment le degré d'inclinaison était déterminé. On
prenait une baguette de bois coupée à travers fil,
longue de 5 pouces environ et d'un quart de pouce
d'épaisseur, on la saturait d'humidité, puis on marquait sa longueur sur l'un des bords latéraux du
cadre, en ayant soin de prendre comme point de
départ l'extrémité correspondante du bord supérieur. On séchait ensuite cette baguette sur de la
chaux vive, et on marquait sa longueur, de la même
façon que précédemment, sur l'autre bord latéral.
Les deux marques ainsi tracées étaient ensuite
réunies par une ligne graduée, le point o se trou-
vant en haut de la ligne inclinée, le point 100 en
bas. Pour connaître l'état d'humidité de l'atmosphère à un moment donné, il suffisait alors de
porter la baguette (qui restait naturellement toujours exposée à l'air) verticalement sur le cadre,
en remarquant à quel endroit des divisions
sa longueur s'adaptait exactement. La valeur
correspondante indiquait le degré d'humidité.

Le *psychromètre*, (fig. 20) est disposé de la façon

suivante : Un thermomètre sec T est fixé sur une planchette à côté d'un instrument semblable T' dont le réservoir est entouré de mousseline que l'on main-

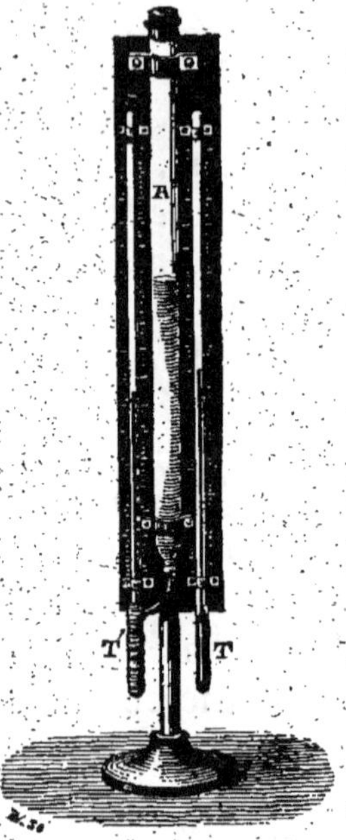

Fig. 20. — Psychromètre.

tient mouillée. Les dispositions de détail de cet appareil varient parfois ; ainsi, on en construit qui portent derrière la planchette ou dessus un petit tube R qui vient, en se recourbant, affleurer la mousseline du thermomètre. On conçoit que lorsqu'on verse de l'eau dans ce tube, ce liquide s'écoule goutte à goutte et maintient l'humidité dans le tissu. La mousseline du thermomètre doit être mince et propre : c'est pourquoi on la renouvelle assez souvent. Cet instrument, plus juste que tous les précédents, est néanmoins sujet à des perturbations locales qui rendent ses indications moins exactes que celles des *hygromètres à condensation*.

Ces derniers appareils sont d'une manipulation assez longue et assez délicate. Ils sont donc réservés aux stations importantes et destinées à vérifier la marche du *psychromètre*.

En résumé, le véritable instrument d'observation est le *psychromètre* ; pour s'en servir, on doit le placer au milieu de l'abri construit pour les thermomètres. Il faut procéder avec grand soin au mouillage de la mousseline, et veiller à ce qu'elle soit constamment humectée. En hiver, elle doit être recouverte de glace pour donner des indications utiles.

II. — *Calcul des réductions d'observations psychrométriques.*

Pour calculer les corrections du psychromètre on note la différence marquée par les deux thermomètres, sec et mouillé, et on opère de la façon suivante à l'aide des valeurs contenues dans la table (page 108) :

Dans le cas où la température du thermomètre mouillé serait supérieure à 0°, soit à réduire l'observation suivante :

Thermomètre sec..........	$+\ 19°,6$
Thermomètre mouillé.....	$+\ 13°,8$
Différence....	$5°,8$
État hygrométrique.........	48

Je fais la différence entre les deux lectures, soit 5°8, je cherche ce nombre dans la colonne des différences entre les thermomètres sec et mouillé et je cherche en continuant sur la ligne jusqu'à la colonne verticale qui se rapproche le plus de 13°7 (Thermomètre mouillé), je trouve le nombre 48 qui représente l'état hygrométrique de l'air au moment de l'observation.

Le même calcul pour le cas suivant donnerait :

Thermomètre sec..........	$17°,8$
Thermomètre mouillé.........	$14°,4$
Différence......	$3°,4$
État hygrométrique.........	67

On trouvera, dans la table suivante (p. 109), les éléments d'un calcul analogue, dans le cas où le thermomètre mouillé serait au-dessous de o degré, ou bien alors que, marquant o degré, il serait recouvert de glace.

Le calcul doit s'effectuer de la même manière que ci-dessus. Si l'on a par exemple :

Diff. entre les thermom. sec et mouillé.	TEMPÉRATURE DU THERMOMÈTRE MOUILLÉ, au-dessus de zéro.													
	0°	1°	2°	3°	4°	5°	6°	7°	8°	9°	10°	11°	12°	13°	14°
0,0	100	100	100	100	100	100	100	100	100	100	100	100	100	100	100
0,2	96	96	96	97	97	97	97	97	97	97	97	97	98	98	98
0,4	92	93	93	93	93	94	94	94	94	95	95	95	95	95	95
0,6	88	89	89	90	90	91	91	91	92	92	93	93	93	93	93
0,8	85	85	86	87	87	88	88	89	89	89	90	90	90	91	91
1,0	81	82	83	83	84	85	85	86	86	86	86	87	88	89	89
1,2	78	79	80	80	81	82	83	83	84	84	85	86	86	86	87
1,4	74	75	76	77	78	79	80	81	81	82	83	83	84	84	85
1,6	71	72	73	74	75	77	77	78	79	80	80	81	82	82	83
1,8	67	69	70	71	73	74	75	76	76	77	78	79	80	80	81
2,0	64	66	67	69	70	71	72	73	74	75	76	77	78	78	79
2,2	61	63	65	66	67	69	70	71	72	73	74	75	76	76	77
2,4	58	60	62	63	65	66	67	69	70	71	72	73	74	75	75
2,6	55	57	59	61	62	64	65	66	68	69	70	71	72	73	73
2,8	52	54	56	58	60	61	63	64	65	67	68	69	70	71	72
3,0	50	52	54	56	57	59	61	62	63	65	66	67	68	69	70
3,2	47	49	51	53	55	57	58	60	61	63	64	65	66	67	68
3,4	44	47	49	51	53	55	56	58	59	61	62	63	64	66	67
3,6	41	44	46	49	51	52	54	56	57	59	60	61	62	64	65
3,8	39	42	44	46	48	50	52	54	56	57	58	60	61	63	63
4,0	36	39	42	44	46	48	50	52	54	55	57	58	59	61	62
4,2	34	37	39	42	44	46	48	50	52	53	55	56	58	59	60
4,4	32	35	37	40	42	44	46	48	50	52	53	55	56	57	59
4,6	29	32	35	38	40	42	44	46	48	50	52	53	55	56	57
4,8	27	30	33	36	38	40	43	45	47	48	50	52	53	55	56
5,0	25	28	31	34	36	39	41	43	45	47	48	50	52	53	54
5,2	23	26	29	32	34	37	39	41	43	45	47	49	50	51	53
5,4	21	24	27	30	33	35	37	40	42	44	45	47	49	50	51
5,6	19	22	25	28	31	33	36	38	40	42	44	46	47	49	50
5,8	17	20	23	26	29	32	34	36	39	41	42	44	46	47	49
6,0	15	18	22	25	28	30	33	35	37	39	41	43	44	46	47
6,2	13	16	20	23	26	28	31	33	35	38	40	41	43	45	46
6,4	11	15	18	21	24	27	29	32	34	36	38	40	42	43	45
6,6	9	13	16	19	23	25	28	30	33	35	37	39	41	42	44
6,8	8	11	15	18	21	24	26	29	31	33	35	37	39	41	43
7,0	6	10	13	16	19	22	25	28	30	32	34	36	38	40	41
7,2	4	8	12	15	18	21	24	26	29	31	33	35	37	39	40

Thermomètre sec............ — 8°,6
Thermomètre mouillé...... — 10°,2

Différence......... 1°,6

État hygrométrique......... 52

Diff. entre les thermom. sec et mouillé.	TEMPÉRATURE DU THERMOMÈTRE MOUILLÉ, au-dessous de zéro.															
	15°	14°	13°	12°	11°	10°	9°	8°	7°	6°	5°	4°	3°	2°	1°	0°
0,0	100	100	100	100	100	100	100	100	100	100	100	100	100	100	100	100
0,2	91	91	92	92	93	94	94	94	94	95	95	95	96	96	96	97
0,4	82	84	85	86	86	87	88	89	89	90	90	91	92	92	92	93
0,6	74	76	77	79	80	81	82	83	84	85	86	87	87	88	89	89
0,8	66	68	70	72	74	75	76	78	79	80	81	82	83	84	85	86
1,0	58	61	63	65	67	69	71	73	74	76	77	78	78	80	81	82
1,2	50	54	56	59	61	63	66	68	69	71	73	74	75	77	78	79
1,4	43	46	50	53	55	58	61	63	65	67	69	70	72	73	74	76
1,6	36	40	43	47	50	52	56	58	61	63	65	67	68	70	72	73
1,8	29	33	37	41	44	47	51	54	56	59	61	63	65	66	68	70
2,0	22	26	31	35	39	42	46	49	52	55	57	59	61	63	65	67
2,2	15	21	25	30	34	38	41	45	48	51	53	55	58	60	62	64
2,4	9	15	20	24	29	33	37	40	44	47	50	52	55	57	60	61
2,6	3	9	14	19	24	28	33	36	40	43	46	49	52	54	56	58
2,8		4	9	14	19	24	28	32	36	40	43	46	48	51	53	56
3,0			4	9	15	20	24	28	32	36	40	43	45	48	51	53
3,2				5	10	16	20	25	29	33	36	40	43	45	48	51
3,4					6	12	17	21	26	30	33	37	40	43	46	49
3,6					2	8	13	18	22	26	30	34	37	40	43	46
3,8						4	9	14	19	23	27	31	34	37	40	43
4,0							6	11	16	20	24	28	32	35	38	41
4,2							3	8	13	17	22	26	29	32	36	39
4,4								5	10	15	19	23	26	30	33	36
4,6								2	7	12	16	20	24	28	31	34

III. — *Hygromètres divers et mode d'observation.*

L'hygromètre de Regnault (fig. 21), heureusement modifié par M. Alluard, est l'instrument dont on se sert généralement pour faire les observations,

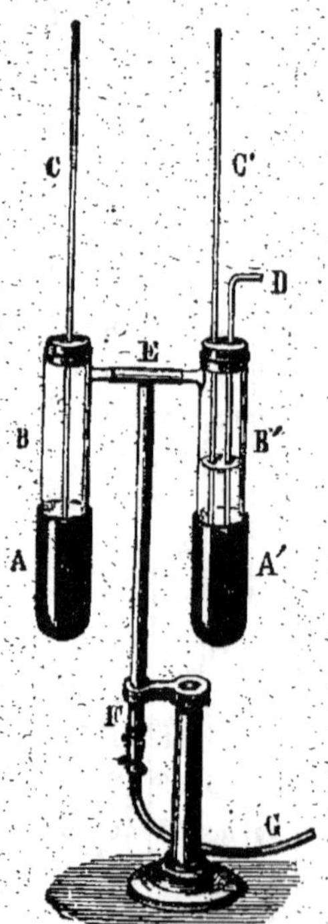

Fig. 21. — Hygromètre de Regnault.

c'est un appareil assez coûteux et dont l'observation nécessite des études préalables; nous allons en donner une description.

C'est en 1845 que Regnault fit connaître l'hygromètre qui porte son nom. Il est essentiellement formé de deux cylindres de verre B et B' fermés à la partie supérieure par des bouchons, dans lesquels passent deux thermomètres très délicats C et C', et à la partie inférieure par de minces dés en argent poli, A et A', près desquels se trouvent les boules des thermomètres.

Les cylindres de verre sont réunis par un tube E F qui se prolonge jusqu'à un aspirateur rempli d'eau; dans l'un de ces cylindres s'engage également un tube D, ouvert aux deux bouts, dont la partie inférieure repose sur le dé d'argent tandis que l'extrémité supérieure dépasse le bouchon dans lequel passe déjà le thermomètre, le second dé est rempli d'éther qui couvre complètement la boule du thermomètre.

Lorsqu'on ouvre le robinet de l'aspirateur, l'eau s'écoule, puis est remplacée par de l'air qui arrive sur l'éther de l'un des dés; il se produit alors une évaporation rapide qui donne lieu à un dépôt de buée sur la paroi extérieure du dé d'argent. Le thermomètre que celui-ci contient indique alors la température du point de rosée tandis que l'autre thermomètre marque la température de l'air ambiant.

La différence des lectures permet de conclure la quantité d'humidité renfermée dans l'air.

Quant à l'*hygromètre à cheveu* ou de *de Saussure* on l'emploie souvent, car son observation est simple; on doit choisir un appareil dont les divisions marquées sur le cercle de lecture ne soient pas égales, mais aient été tracées de manière à donner, sans calcul, l'état hygrométrique. Cet instrument est sujet à se déranger, aussi doit-on l'employer avec circonspection et contrôler ses indications tous les deux ou trois jours, à l'aide des valeurs données par le psychromètre. Moyennant cette vérification, c'est un hygromètre fort commode à lire, qui donne une approximation suffisante, et qui, en hiver, évite cette longue et pénible manipulation exigée par le psychromètre.

On doit savoir que les indications de l'hygromètre à cheveu ne donnent pas la quantité de vapeur en suspension dans l'air; ainsi, quand il marque 80, l'air ne contient pas 80 mais seulement 60 à 70 pour 100 de la vapeur d'eau nécessaire pour le saturer. C'est pourquoi on doit choisir un instrument qui porte cette seconde graduation dont nous avons parlé.

Il est bon de connaître le rapport qu'August a indiqué pour ces deux quantités ; elles sont contenues dans le tableau suivant :

Hygromètre.

100 95 90 85 80 75 70 65 60 55 50 45 40 35 30 25 20 15 10 5 0

Humidité relative correspondant.

100 94 86 79 71 64 56 48 41 36 31 27 23 19 16 13 10 7 4 2 0

On peut dire, d'une façon générale, que la quantité de vapeur augmente avec la chaleur, elle va en décroissant de l'équateur au pôle. Comme on peut s'y attendre, elle est plus grande sur les mers que sur les continents. La moyenne des indications de l'hygromètre varie entre 70° et 40°, ce qui correspond à un état hygrométrique tel que l'air contient entre la 1/2 et le 1/4 de la vapeur d'eau qui lui est nécessaire pour atteindre sa saturation. On peut ajouter que, d'après les observations de Kaemtz, la quantité de vapeur d'eau ne varie pas sensiblement des couches inférieures aux supérieures. De Saussure avait déjà fait connaître que, par un temps serein, l'humidité décroissait en raison de la hauteur.

M. Alb. Nodon a proposé un hygromètre enregistreur, dont l'idée fort originale nous engage à le faire connaître.

Le principe de cet hygromètre est analogue à celui du thermomètre métallique de Bréguet. Il consiste en une bande de deux substances inégalement hygrométriques, papier ou celluloïde et gélatine réunies ensemble, puis contournées en hélice, la gélatine étant placée extérieurement.

On constate que, sous l'influence de l'humidité, le système obéit à un mouvement d'enroulement provenant de l'allongement de la gélatine; un déroulement se produit, au contraire, sous l'influence de la sécheresse.

Dans le modèle d'hygromètre enregistreur que j'ai étudié, dit M. Nodon, les hélices déformables sont en papier, recouvert extérieurement de gélatine rendue préalablement inaltérable par l'addition d'acide salicylique. Ces hélices sont accouplées par paires et actionnent deux poulies légères, disposées suivant une même ligne verticale.

Sur ces poulies s'enroule un fil auquel est attachée une plume, mobile entre deux guides et pouvant tracer un trait à l'encre sur une feuille de papier divisé. Cette feuille de papier se déroulant de $0^m.02$ à l'heure dans une direction normale au sens du mouvement de la plume, on obtient comme résultante de ces deux mouvements une courbe indicatrice des états hygrométriques de l'air.

L'appareil est disposé pour pouvoir fonctionner pendant dix jours consécutifs.

Un hygromètre particulier se retrouve encore dans un appareil proposé par M. Lambrecht de Gœttingue, qui combine l'hygromètre et le thermomètre et permet d'obtenir ainsi la valeur des variations météorologiques en une seule lecture. Dans son appareil, le cheveu se trouve relié à l'extrémité d'un ressort en laiton, de sorte que la dilatation du métal par la chaleur s'ajoute à l'allongement produit sur le cheveu par l'humidité.

Une seule aiguille, mobile sur un cadran, indique les variations du point de rosée.

CHAPITRE VI

PLUVIOMÈTRE

I. — *Quantité de pluie recueillie à diverses hauteurs.*

Quelle que soit la disposition adoptée pour le pluviomètre, cet appareil (fig. 22) se compose essentiellement d'un entonnoir A, C, laissant pénétrer l'eau dans un réservoir B, surmontant un réceptacle d'une capacité connue. Lorsque la pluie est finie on estime immédiatement en centimètres cubes à l'aide d'une éprouvette graduée la quantité d'eau ou de neige tombée, afin que l'évaporation n'ait pas eu le temps de la faire varier.

On doit avoir soin de placer le pluviomètre dans un endroit bien découvert, loin des maisons, à 1 mètre 50 ou 2 mètres au-dessus du sol. Il faut éviter de l'établir sur des lieux élevés et surtout sur un toit, car, dans ces conditions, la quantité d'eau reçue est beaucoup plus faible qu'elle ne devrait être en réalité. Ainsi, dans les pluviomètres de l'Observatoire, placés l'un sur la terrasse, l'autre sur le sol, 27 mètres plus bas, la quantité de pluie moyenne du premier ne dépassait pas 50 centimètres, tandis qu'elle atteignait 57 centimètres dans le second.

Dans les observations faites pour mesurer la quantité de neige tombée, il faut mesurer le volume d'eau fourni par la neige que l'on a fait fondre et que l'on a mesuré comme la pluie.

L'observation la plus utile du pluviomètre doit se faire à neuf heures du matin.

L'évaporation tient en suspens dans l'air des vésicules d'eau qui forment les nuages; lorsque ces gouttelettes grossissent et que la température baisse, elles tombent par leur propre poids et se répandent sur le sol où elles arrivent sous le nom de *pluie*. Si ces petites gouttes traversent des ré-

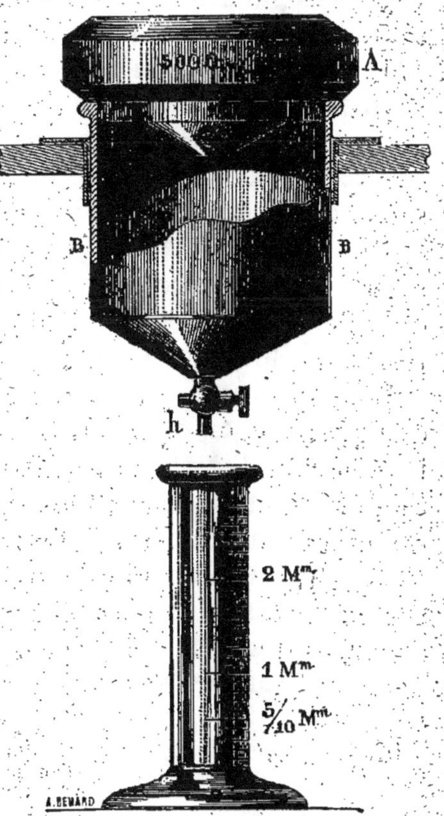

Fig. 22. — Pluviomètre.

gions chaudes, elles se vaporisent et il en tombe moins en bas qu'en haut ; il peut même arriver que ces gouttelettes n'atteignent pas le sol et, que, vaporisées par les chaudes couches qu'elles traversent, elles s'élèvent dans l'atmosphère.

Un phénomène bien singulier a été souvent remarqué : on a observé des pluies par des temps sereins ; l'explication de ce phénomène est simple ; dans ce cas, les vapeurs d'eau retombent sur terre sans avoir eu le temps de se former en nuages.

Dans la majorité des cas, la pluie augmente à mesure qu'elle descend et on compte en moyenne qu'il pleut plus dans les lieux les plus bas que sur les points élevés.

Bien que cette explication soit contestée par quelques savants, qui attribuent l'augmentation de la pluie recueillie dans les lieux les plus bas à des remous du vent, nous allons signaler les différences qu'on a pu constater à l'Observatoire de Paris.

En 1817, on ajouta au pluviomètre existant déjà sur la terrasse, un second pluviomètre placé à 2 mètres du sol ; la différence de niveau qui les sépare est à peu près égale à 27 mètres.

	Pluie dans la cour en centimètres.	Pluie sur la terrasse en centimètres.
1817............	56,6	50,6
1818............	51,8	43,2
1819............	68,9	61,5
1820............	42.5	38,1
1821............	64,2	58,4
1822............	47,8	42,3
Moyennes.....	55.3	49,0

II. — *Quantité de pluie moyenne.*

La quantité de pluie recueillie dans la partie orientale d'une région est généralement moindre que celle qui tombe à l'occident; les saisons ont aussi une influence bien marquée sur ce phénomène. Nous empruntons à Kaemtz (1) les deux tableaux suivants:

Quantités de pluie tombée en France.

	France occidentale.	France orientale.
Hiver............	23,4	19,5
Printemps......	18,3	23,4
Été.............	25,1	29,4
Automne.......	33,3	27,3

Quant à la quantité relative de pluie qui tombe en été et en hiver, elle est la suivante :

	Hiver.	Eté.
France occidentale......	1,000	1,071
France orientale.	1,000	1,540

Si nous cherchons à l'aide des données pluviométriques à déterminer si le climat de Paris a changé et est devenu plus ou moins pluvieux qu'au xviiᵉ siècle, nous avons les renseignements suivants :

(1) Kaemtz, *Météorologie.*

Périodes d'années.	Moyennes des pluies observées à Paris évaluées en centimètres.		
	Saison froide.	Saison chaude.	Total.
De 1689 à 1717...	20,3	29,9	50,2
De 1718 à 1747...	16,3	22,5	38,8
De 1748 à 1755...	23,3	27,1	50,4
De 1773 à 1788...	21,9	31,5	53,4
De 1789 à 1797...	20,2	22,2	42,4
De 1804 à 1818...	23,4	26,8	50,2
De 1819 à 1848...	22,3	28,8	51,1
De 1849 à 1872...	21,7	29,7	51,4

Les valeurs ci-dessus n'expriment aucune modification sensible dans les conditions du climat parisien au point de vue de la pluie.

Il peut être curieux de connaître les plus grandes pluies enregistrées à Paris, depuis la seconde moitié du XVIIIᵉ siècle ainsi que la quantité d'eau tombée à ces époques ; ces données sont contenues dans le tableau suivant :

Années.	Pluie en centimètres.
1751............	62,7
1774............	60,3
1776............	63,1
1782............	60,2
1786............	62,9
1804............	70,3
1819............	61,5
1836............	61,1
1854............	61,4
1860............	65,5
1866............	64,4
1872............	68,7

Nous terminerons cette statistique en citant, d'après Arago, le nombre annuel de jours pluvieux recueillis par Messier.

Périodes.	Nombre moyen par an	
	de jours de pluie.	de jours de neige.
De 1773 à 1785........	140	»
De 1786 à 1795........	152	12
De 1796 à 1805........	124	14
De 1806 à 1815........	134	15
De 1816 à 1822........	144	7
Moyennes........	139	12

Les météorologistes indiquent toujours en millimètres les quantités d'eau tombée à l'état de pluie, de neige ou de grêle. Il importe de se faire une idée exacte de ce qu'ils entendent par un certain nombre de millimètres d'eau recueillie. Lorsqu'ils disent, par exemple, qu'il est tombé 20^{mm} de pluie, cela veut dire que la quantité d'eau versée par les nuages est telle que, si elle était tombée sur une surface parfaitement horizontale et qu'elle ne se fût pas écoulée, elle formerait une nappe d'une hauteur de 20^{mm}.

D'après cela, il est très facile de calculer le volume de l'eau tombée sur une étendue quelconque, sur un champ, une prairie, etc., en partant des données fournies par le pluviomètre. Remarquons, en effet, qu'une nappe d'eau d'un millimètre de hauteur, et recouvrant un mètre carré, aurait pour volume,

$$1^{m},000 \times 1^{m},000 \times 0^{m},001 = 0^{mec},001\ 000\ 000$$

ou un décimètre cube, c'est-à-dire un litre.

Lors donc que l'on dit qu'il est tombé 20^{mm} d'eau, cela revient à dire qu'il est tombé sur chaque surface (horizontale) d'un mètre carré 20 litres d'eau.

La mesure de la neige et de la grêle se fait, après
fusion, de la même manière que celle de la pluie.
Il est intéressant cependant d'ajouter à cette mesure la hauteur de la neige qui, comme telle, re-
couvre le sol.

III. — *Pluies remarquables.*

Le nombre de jours de pluie semble dépendre
de la direction dominante des vents : si le vent
soufflait toujours du nord-est, il pleuvrait rarement,
car il n'arrive à nous qu'après avoir traversé d'immenses étendues de terre sur lesquelles il s'échauffe ;
si au contraire le vent d'ouest dominait, comme il
vient de l'océan, il pleuvrait souvent.

Pour les observations de longue durée, on tire
de grands avantages de l'emploi des enregistreurs :
l'un des plus simples étant celui du pluviomètre,
nous allons l'indiquer, en renvoyant nos lecteurs à
des traités spéciaux pour la description des appareils de même nature, appliqués au thermomètre.

La figure 23 donnera une idée générale du principe des enregistreurs. Dans le cylindre P, qui
communique avec le récepteur par un tuyau sou-
terrain, se trouve un flotteur dont la tige engrène
avec une roue dentée. Sur l'axe de cette roue est
fixée une pièce d, affectant la forme d'un colimaçon,
sur le bord de laquelle appuie l'aiguille indicatrice
b ; cette aiguille articulée en A, laisse une trace
sur un papier fixé sur le cylindre c, qui est doué
d'un mouvement de rotation autour de son axe.

On comprend que le cylindre *c* tournant devant
l'extrémité fixe de l'aiguille *b* enregistre les mouvements dont elle sera animée. On compte, en
moyenne, dans la France occidentale 152 jours de
pluie par an et 147 dans l'intérieur de notre pays.
La quantité de pluie que nous recevons est de
68 centimètres environ pour la France occidentale

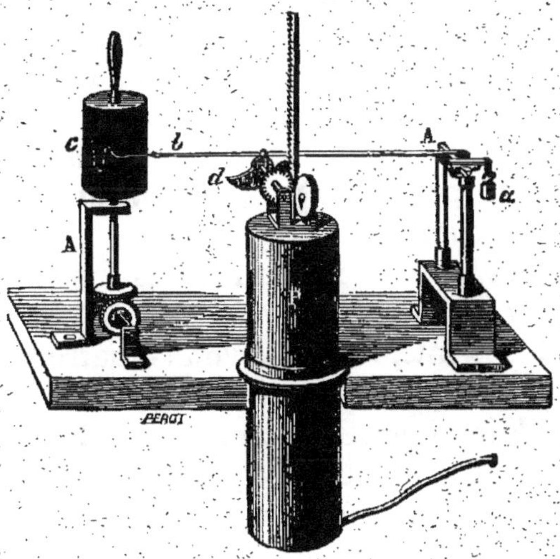

Fig. 23. — Enregistreur du pluviomètre de Montsouris.

et de 65 centimètres pour l'intérieur du pays.
Cette quantité est loin d'atteindre la hauteur signalée
dans certains cas à la Guadeloupe, hauteur égale à
726 centimètres ; en revanche on connaît des contrées où il ne pleut jamais. Une zone partant du
Maroc, à travers l'Afrique, l'Égypte, l'Arabie et
la Perse, jusqu'au Béloutchistan est absolument
sans pluie ; en Amérique, au Guatemala, la
pluie est inconnue ; l'Afrique du Sud et l'Aus-

tralie ont beaucoup à souffrir de ces sécheresses terribles. En Australie on a cru s'apercevoir qu'elles reviennent tous les 12 ans et durent 3 années consécutives.

Si parfois les pluies d'été mouillent à peine les feuilles, il est des cas où de véritables déluges tombent sur la terre ; on cite parmi ces exemples curieux : celui de Bombay où il a tombé, en un seul jour, le 24 juillet 1819, 16 centimètres d'eau et le 27 juillet 1869, 39 centimètres ; à Cayenne, en dix heures, plus de 28 centimètres. Dans l'Ardèche il a tombé en un jour 25 centimètres d'eau et à Gênes, le 25 octobre 1822, 81 centimètres provenant d'une trombe.

Parmi les pluies extraordinaires, nous pouvons citer les renseignements ci-dessous qui se rapportent à des intervalles de vingt-quatre heures(1).

Le 13 septembre 1879, il tomba à Purnach, au pied de l'Himalaya, 88,9 centimètres de pluie ; pendant le mois d'octobre 1872, il tomba dans la Haute-Italie des pluies extraordinaires ; on recueillit

A Mesma le 4, 23,1 centimètres ;
A Oropa, le 5, 18,0 —
— le 6, 21,6 —
— le 7, 20,9 —

Le 6 août 1857, le pluviomètre de Scarborough débordait, il marquait 24,1 centimètres ; le 9 juillet 1870, on recueillit à Todmorden au moins 22,9 centimètres.

A Cherrapunji (Assam-Inde), la quantité moyenne

(1) *Zeitschrift der Oest. Ges. f. met.* cité par *Ciel et Terre*.

de pluie par an est de 12^m5 dont 11 mètres tombent d'avril à septembre. La plus grande quantité qui y ait été recueillie s'est élevée à 10^m4 en un jour.

Après cela est-il utile de dire que c'est l'endroit de la terre où il pleut le plus.

On se rendra compte de l'importance de ces pluies diluviennes en les comparant avec la moyenne des pluies de nos contrées qui ne dépassent pas 50 centimètres par an.

Le professeur E. Loomis a donné une étude fort intéressante sur les relations des pluies avec les dépressions barométriques.

On sait que, quand on a construit les *isobares* d'un grand nombre de points pour une journée, on s'aperçoit qu'elles affectent la forme circulaire et vont en s'agrandissant à partir d'un point central qu'on nomme *centre de basse pression.*

1° Les très fortes pluies en Europe, dit-il, ont presque invariablement lieu dans ou près une zone de basse pression, mais de grandes pluies sont fréquemment dues, aussi, à un cyclone local d'étendue restreinte (dépression secondaire), formé dans ou près une grande zone de basses pressions. Partout où, vers le centre d'une dépression, la vitesse du vent est faible, se déclare souvent une perturbation locale suivie d'un mouvement cyclonique de l'air et d'une précipitation considérable de vapeur. En maintes circonstances, cette précipitation de vapeur semble résulter de l'influence de montagnes qui obligent l'air à prendre un mouvement ascensionnel.

2° Les pluies surviennent le plus fréquemment sur la partie orientale des aires de basses pressions. En 1879, les cas où une forte pluie se déclara sur la partie orientale d'une dépression furent environ six fois plus nombreux que ceux observés sur la partie occidentale.

3° Les effets des fortes pluies sont les mêmes dans l'Europe méridionale et au sud des États-Unis : en général, toutefois, ces effets ne sont pas très marqués.

CHAPITRE VII

ANÉMOMÈTRE

I. — *Mode d'observation des différents vents.*

D'après les instructions du bureau météorologique de France, la direction du vent doit s'indiquer d'après les désignations contenues dans le tableau ci-dessous.

N.-N.-E.. ou	1........	Nord-Nord-Est.
N.-E.....	2........	Nord-Est.
E.-N.-E...	3........	Est-Nord-Est.
E.........	4........	Est.
E.-S.-E..	5........	Est-Sud-Est.
S.-E......	6........	Sud-Est.
S.-S.-E...	7........	Sud-Sud-Est.
S.........	8........	Sud.
S.-S.-W.. (1)	9........	Sud-Sud-Ouest.
S.-W.....	10.......	Sud-Ouest.
W.-S.-W.	11........	Ouest-Sud-Ouest.
W........	12.......	Ouest.
W.-N.-W.	13........	Ouest-Nord-Ouest.
N.-W....	14.......	Nord-Ouest.
N.-N.-W.	15.......	Nord-Nord-Ouest.
N.........	16.......	Nord.

(1) Le Comité météorologique national a décidé qu'on désignerait la direction Ouest par un W, l'O pouvant dans certaines langues différentes signifier Ouest ou Est.

Pour les observations ordinaires, une girouette
suffira (fig. 25 et 26); mais il faudra qu'elle soit très

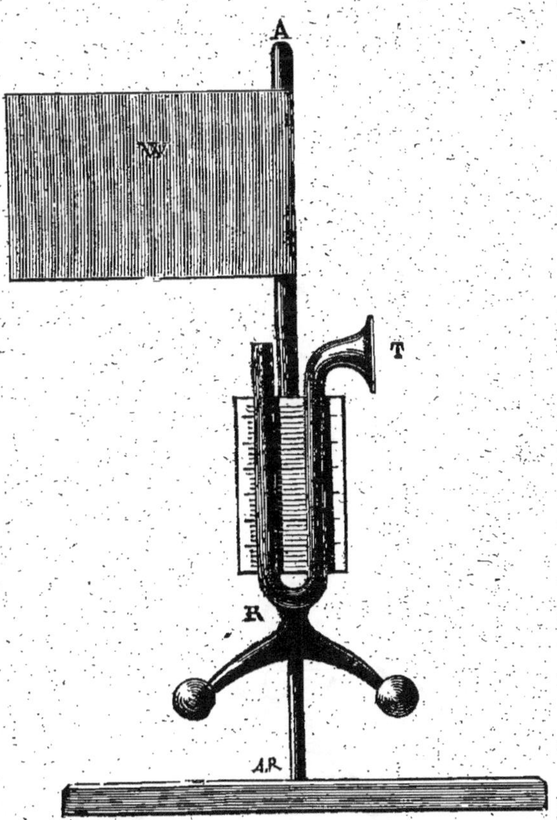

Fig. 24. — Anémomètre de Lind.

mobile et fort élevée, on fera bien de faire reposer
l'axe sur un godet ou mieux encore cette tige portera
à sa partie inférieure un disque qui roulera sur des
billes d'agathe, afin de pouvoir obéir au moindre
souffle.

Dès le commencement du XVIIIe siècle (1708),
Wolf exécutait le premier anémomètre, c'était un

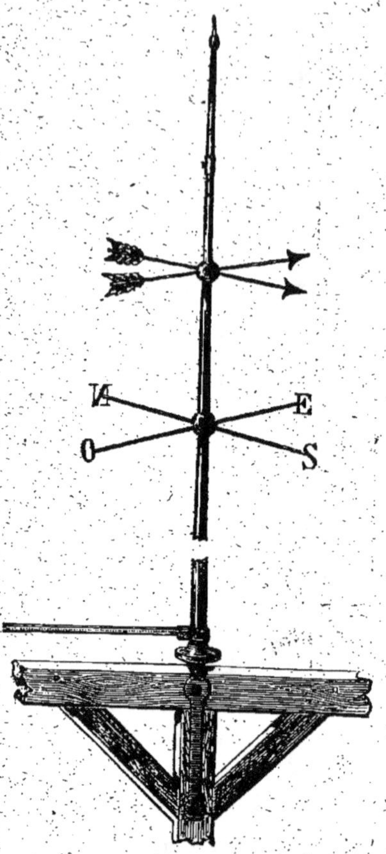

Fig. 25. — Girouette terminée
par une pointe de paratonnerre.

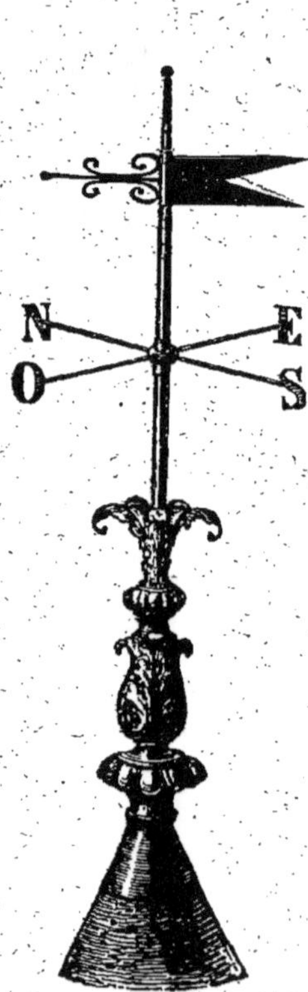

Fig. 26. — Girouette
fixée sur un toit.

instrument assez rudimentaire qui laissait encore
bien indécise la mesure de la force du vent.

On ne peut qu'indiquer à titre de curiosité l'anémomètre de Lind (fig. 24) qui consistait à placer un tube T R ouvert à ses deux extrémités, et recourbé en forme de pipe allemande, de telle sorte que le vent pût y pénétrer; ce tube orienté par le drapeau W étant à moitié rempli d'eau, le niveau de ce liquide indiquait la violence du vent.

Fig. 27. — Anémomètre de Robinson.

Un autre anémomètre, non moins original, mais plus curieux, est dû à Delamanon; il se composait de vingt et un tuyaux calibrés, de telle sorte que le vent, suivant sa force, pressait sur les soupapes qui fermaient ces tuyaux et produisait les sons correspondant à sa force. Un vent faible faisait vibrer l'ut de la première octave et un vent violent le si de la seconde.

Les anémomètres de Robinson (fig. 27) servent à enregistrer la vitesse du vent ; ce sont des instruments coûteux dont nous donnerons une description rapide. Ils se composent essentiellement d'un axe portant quatre bras à angle droit, terminés chacun par des coupes hémisphériques dont la concavité est tournée du même côté, et pouvant tourner librement. Le vent presse sur les coupes et fait tourner l'anémomètre dont les tours sont enregistrés par un compteur mécanique.

Généralement, la force du vent se note en chiffres depuis o jusqu'à 6 et peut s'estimer sans instrument à l'aide des signes suivants :

Chiffre.	Désignation.	Force du vent.
o.	Calme.	La fumée s'élève verticalement ou à peu près, les feuilles des arbres sont immobiles.
1.	Faible.	Sensible aux mains ou à la figure fait remuer un drapeau, agite de petites feuilles.
2.	Modéré.	Fait flotter un drapeau, agite les feuilles et les petites branches des arbres.
3.	Assez fort.	Agite les grosses branches des arbres,
4.	Fort.	Agite les plus grosses branches et les troncs de petit diamètre.
5.	Violent.	Secoue tous les arbres, brise les branches et les troncs de petite dimension.
6.	Ouragan.	Renverse les cheminées, enlève le toit des maisons, déracine les arbres.

L'échelle ci-dessus est dite terrestre ; pour la comparer à *l'échelle de Beaufort*, usitée dans la marine, on trouvera les correspondances ci-dessous :

Echelle terrestre.		Echelle de Beaufort.
0. Calme.		0. Calme.
1. Faible	{	1. Presque calme.
		2. Légère brise.
2. Modéré	{	3. Petite brise.
		4. Jolie brise.
3. Assez fort	{	5. Bonne brise.
		6. Bon frais.
4. Fort	{	7. Grand frais.
		8. Petit coup de vent.
5. Violent	{	9. Coup de vent.
		10. Fort coup de vent.
6. Ouragan	{	11. Tempête.
		12. Ouragan.

On conçoit que les indications précédentes ne soient que des points de comparaison assez variables qui peuvent être modifiés suivant les observateurs ; mais le moyen de parer à cette difficulté semble impossible à trouver, car les observatoires et les grandes associations peuvent seuls avoir des anémomètres qui sont fort coûteux et qui demandent une installation spéciale.

Une disposition assez curieuse imaginée par le Dr Prestel mérite d'être citée ; je la trouve signalée par M. Pény (1).

A la girouette, dit-il, est adapté un *anémomètre-pendule*. Ce petit appareil consiste en un pendule formé d'une simple palette en tôle suspendue par deux tiges rigides parallèles à l'axe de la girouette, avec laquelle il tourne. Les deux tiges embrassent de part et d'autre le volant de la girouette, de sorte que la palette placée transversalement au volant reçoit toujours la pression du

(1) Voy. *La borne gnomo-météorologique de l'École militaire* dans *Ciel et terre.*

vent dans une direction normale, et s'élève ou s'abaisse suivant que cette pression augmente ou qu'elle diminue.

Les dimensions de la palette et la longueur des tiges sont calculées de façon que les mouvements du pendule soient suffisamment accusés pour qu'on puisse les observer de loin. L'échelle des élévations pour une pression du vent de 1, 4, 9..., etc. kilogrammes par mètre carré est celle ci-contre.

Pressions en kilog.	Elévations angulaires.	Nature du vent.
1 (1)	5°	Mouvement sensible.
4	20°	Brise légère.
9	35°	» fraîche.
16	45°	» forte.
25	54°	Vent fort.
36	60°	» violent.
49	64°	» de bourrasque.
64	67°	Violente bourrasque.
81	69° 1/2	Tempête.
100	70°	Grande tempête.
144	74° 1/2	Ouragan.

Cette échelle peut se lire sur le volant de la girouette. A cet effet, son bord extérieur, en forme de quart de cercle, est découpé d'entailles dont la largeur correspond aux accroissements de l'angle d'élévation du pendule. En outre devant chacune des pointes entre les entrailles, on a percé dans le volant un certain nombre de trous pour faciliter le comptage. Ce nombre représente la racine carrée de la pression du vent en kilogrammes. Pour ne pas multiplier le nombre des trous, la série entre 6 et 10 est représentée par 1, 2...., 5 trous distingués par leur forme.

(1) Les chiffres de cette colonne sont arrondis à 0,5o kilog. près.

Il est à remarquer que la graduation suivant la racine carrée de la pression en kilogrammes, fournit immédiatement la vitesse du vent. Pour l'obtenir, il suffit de multiplier par 3 la racine carrée de la pression.

Les vents supérieurs sont, en général, différents de ceux qui se font sentir sur la terre : il y a, par suite, intérêt à observer la direction et la vitesse des nuages pour en déduire celle du vent.

L'étude des courants supérieurs de l'atmosphère doit à M. Hildebrandson les résultats les plus remarquables dont il a publié l'exposé au commencement de l'année dernière.

La détermination de la hauteur vraie et de la vitesse réelle des nuages, c'est-à-dire de leur trajectoire dans l'espace, dit-il, présente une grande importance. Il suffit, pour cela, que deux observateurs situés à une distance convenable, et reliés par une ligne téléphonique, visent simultanément le même point d'un nuage avec des appareils propres à mesurer les angles ; plusieurs mesures successives permettent de déterminer le mouvement réel du nuage dans le sens horizontal et dans le sens vertical. Des observations régulières ont été organisées à Upsal en 1884 avec deux bases, l'une de 500 mètres pour les nuages inférieurs, l'autre de 1,300 mètres pour les cirrus.

Les cumulus et les cirrus présentent dans leur hauteur une variation diurne très marquée. La hauteur du sommet des cumulus et leur épaisseur atteignent leur maximum à une heure du soir ; la hauteur des cirrus, au contraire, va en croissant du matin jusqu'au soir.

Le tableau suivant d'observations donnera une idée du mouvement des cirrus :

Date 1885.	Hauteur moyenne.	Vitesse		Direction.	Vent inférieur	
		horizontale.	verticale.		Direction.	Vitesse.
	m	m	m	o		m
26 mai...	8061	19,4	+ 5,1	S 87 W	SW	3,9
30 mai...	8069	42,3	+ 2,6	S 56 W	WSW	7,9
6 juin...	9223	44,1	+ 6,4	S 67 W	WSW	8,2
15 juin...	9237	36,5	— 1,3	S 80 W	SSE	4,0
19 juin...	8268	34,5	+ 2,8	W 15 N	SSW	2,9
13 juillet.	8825	13,5	— 1,7	S 36 W	SSE	4,3
»	10604	15,1	— 0,8	S 37 W	»	»

Comparant ensuite ces résultats avec la situation atmosphérique au moment des observations, on constate que les vitesses verticales positives (de bas en haut) correspondent aux cas où l'on est au voisinage d'une dépression et les vitesses de haut en bas au voisinage d'un maxima barométrique. Les cirrus *s'élèvent* donc au-dessus des dépressions et *descendent* vers les points où la pression inférieure est maximum.

L'étude des mouvements des couches supérieures de l'atmosphère pourra donc être résolue par l'observation des nuages, pourvu que cette observation soit faite régulièrement dans un grand nombre de stations.

II. — *Cause principale des vents.*

La cause principale des vents, ou, pour mieux dire, des courants d'air, est assurément la distribution variable de la chaleur dans l'atmosphère qui modifie sans cesse sa densité et trouble l'équilibre de sa masse.

Le soleil agit sur l'air en échauffant et en dilatant les couches inférieures; suivant l'obliquité des rayons qu'il nous envoie, son action calorifique diminue d'une façon considérable ; elle se répartit d'une façon inégale sur les océans et sur les terres ; les alternatives du jour et de la nuit, la succession des saisons donnent naissance aux nombreux courants aériens qui sillonnent l'atmosphère.

Malgré l'apparente irrégularité des vents, on est parvenu à les soumettre, dans plusieurs cas, à une loi certaine ; on les a classés sous les dénominations de *vents alizés*, *moussons* et *brises*.

Nous devons rappeler la petite expérience de Franklin, qui permettra de bien comprendre la théorie des vents :

Si, pendant une saison froide, on ouvre une porte faisant communiquer une chambre froide avec une chaude, il se produira deux courants d'air, un chaud et un froid, le premier allant de la chambre chaude à la froide et glissant au-dessus du courant froid, qui marchera en sens contraire. La vérification de cette expérience consiste à placer deux bougies, l'une en haut de la porte, l'autre en bas, la direction des flammes indiquera suffisamment la direction du courant.

Sur la terre, le phénomène des vents n'a pas d'autre origine ; la différence de température de deux points peu éloignés établissent ces courants ; aussi l'observation, rendant parfaitement compte de la théorie, a-t-elle permis de poser la loi suivante :

Si deux régions voisines sont inégalement échauffées, il se produira dans les couches supérieures un vent allant de la région chaude vers la région froide et à la surface du sol un courant contraire.

Nous venons de voir que l'air échauffé devient plus léger en se dilatant sous l'action de la chaleur,

tandis qu'il se contracte et devient plus lourd quand
la température baisse. Or, on sait qu'il y a environ
35 degrés de différence entre la température du
pôle et celle de l'équateur ; l'air raréfié sous l'équateur s'élève dans les régions supérieures de l'atmosphère et s'écoule au nord et au sud vers les
pôles, tandis que l'air froid venant des pôles se
précipite pour remplir le vide relatif produit sous
les tropiques par la raréfaction de l'air chaud où il
se réchauffe pour reprendre de nouveau la circulation dont nous venons de parler.

Il s'en suit qu'un courant d'air chaud souffle,
dans les couches supérieures de l'air, de l'équateur
vers chacun des pôles, tandis qu'à la surface de la
terre un courant en sens inverse se fait sentir.

D'après ce qui précède, on devrait donc observer
deux grands courants : un vent du nord dans l'hémisphère boréal et un vent du sud dans l'hémisphère
austral. Or, on remarque dans ces régions un vent
nord-est pour la première et sud-est pour l'autre,
ce qui semble en contradiction avec la loi que nous
avons établie. Cette divergence trouve son explication dans le fait suivant : cette déviation *vers l'est*
est due à la rotation de la terre. Chaque lieu sur
notre globe décrit dans l'espace un cercle complet,
mais tous les points placés sur un même méridien
ne parcourent pas des chemins égaux. Un point,
placé à l'équateur, fait environ 40,000,000 de
mètres en 24 heures, ou 463 mètres à la seconde ;
mais, de l'équateur aux pôles, le rayon des cercles
parallèles diminue. A une latitude de 60 degrés, sous
le parallèle de Saint-Pétersbourg, cette vitesse de
rotation n'est plus que de 231 mètres par seconde ;

on conçoit que la différence entre ces valeurs ait
une action sur les courants d'air ; ceux-ci partent
de leur point initial suivant une direction N. ou
S., mais, à mesure qu'ils s'approchent des tropiques, ils s'infléchissent par suite de leur frotte-
ment contre la surface de la terre. Ces vents généraux N.-E. et S.-E. ont reçu le nom de vents
alizés.

On a donné le nom de moussons à des vents
réguliers qui soufflent périodiquement sur certaines
contrées, dans l'Océan indien, par exemple ; des
sortes de moussons qu'on remarque dans le midi
de la France ont reçu le nom de vents étésiens.

Certains vents sont particuliers à diverses régions ; tels sont le *fœhn,* le *mistral,* le *simoun* ou
le *siroco.*

Cette théorie des vents a subi de notables transformations. Aujourd'hui, grâce aux travaux de
M. Elias Loomis, la circulation générale de l'atmosphère et principalement celle des vents inférieurs est expliquée par la théorie des cyclones et
des anticyclones.

Comme cette théorie est intimement liée à la
prévision du temps, nous croyons devoir renvoyer
nos lecteurs à ce chapitre où ils trouveront les développements nécessaires.

III. — *Force et vitesse du vent.*

Il est intéressant de signaler pour la France la
fréquence relative et la force moyenne des vents.

Sur un total de 1000 jours on a observé :

Vents............... N. N.-E. E. S.-E. S. S.-O. O. N.-O
Nombre de jours.. 126 140 84 76 117 192 155 110

La direction moyenne des vents varie avec les contrées. On divise notre pays en trois régions particulières, suivant le vent qui y règne généralement.

La région de l'Atlantique, qui comprend les pays situés au N., au N.-E. et à l'O., et où le vent de S.-O. domine. Le bassin du Rhône où l'on remarque des vents du N., enfin la région de la Méditerranée qui se subdivise elle-même en deux parties : la portion ouest qui présente des vents dirigés de l'O. à l'E., la portion est qui offre des vents de N.-O.

Les vents généraux, observés à Paris pendant vingt années par Bouvard, sont les suivants pour un nombre de 1000 jours d'observations :

Vents............... N. N.-E. E. S.-E. S. S.-O. O. N.-O.
Nombre de jours.. 127 106 64 65 173 181 190 94

Quant à la rapidité de propagation du vent, elle varie dans des conditions considérables suivant les lieux et les régions.

Dans nos contrées, une des tempêtes qui sont restées fameuses est celle du 12 mars 1876. Le minimum barométrique qui se trouvait le 12, à 8 heures du matin, un peu au sud de Bristol (726^{mm}) se déplaça vers l'E.-N.-E. avec une rapidité remarquable. A 12 h. 45, il sévissait à Londres (722^{mm}), à 7 heures du soir, près d'Utrecht (722^{m}), à 8 h. 30 à Emden (723^{mm}), à 10 heures, près de Hambourg (723^{mm}), etc... La vitesse de déplacement de l'air était de 40 kilomètres à l'heure, à l'ouest de Londres ; de 62 kilomètres entre Londres et Utrecht ; de 111 kilomètres entre Utrecht et Emden ; de 125 kilomètres d'Emden à Hambourg.

Pour terminer l'étude des anémomètres, nous croyons intéressant de signaler l'heureux emploi qui en a été fait à bord de certains bâtiments

Des observations de cette nature ont été communiquées à la Société géographique russe par M. le lieutenant de marine A. Domojirov qui les avait recueillies à bord du *Djighit*.

L'anémomètre était suspendu de façon à rester dans une position verticale par les plus mauvais temps, lorsque le vaisseau oscillait entre 30° d'inclinaison à babord et 35° à tribord. L'appareil, placé à l'extrémité d'une perche de 5 mètres de longueur, était maintenu, à chaque observation, pendant 10 minutes, du côté du vent et exposé ainsi à toute sa force, sa hauteur au-dessus du niveau de la mer étant de 8 mètres.

La direction du vent était déterminée au moyen d'une girouette et sa *vraie* direction était calculée d'après la direction apparente, suivant le principe du parallélogramme des forces, en tenant compte de la vitesse du navire.

Lorsqu'on connaît l'angle entre la direction du vent et celle du navire, la vitesse réelle du vent peut être déterminée à l'aide d'un calcul simple. Une série d'expériences a été faite d'abord par M. Domojirov pour s'assurer si la vitesse du vent, ainsi déterminée par le calcul, était identique avec la vitesse vraie : on déterminait d'abord cette vitesse lorsque le bateau était en marche, puis on stopait, on mesurait de nouveau la vitesse et on constatait que les deux résultats étaient identiques. Ces observations sont très fatiguantes et très dangereuses, surtout pendant les gros temps, chaque observation dure vingt minutes et nécessite l'aide de trois hommes. Pour remédier à cet inconvénient, M. Domojirov propose d'appliquer l'électricité à l'enregistrement de l'anémomètre.

Les observations à bord du *Djighit* ont été faites cinq et six fois par jour, depuis le 23 mars jusqu'au 30 mai, et les résultats viennent d'être publiés.

Le vent du nord-est, observé lors de la traversée, aller et retour, du Japon aux îles Sandwich, a une vitesse régulière de 5 à 9 mètres par seconde ; le vent du sud-est, observé lors de la traversée des îles de la Sonde aux îles Séchelles, a une vitesse de 4 à 9 mètres par seconde et le vent du sud-ouest, de Port-Victoria à Aden, a une vitesse de 12 à 15 mètres par seconde.

Il est inutile d'insister sur l'intérêt de semblables observations, on en voit tout de suite la portée. Au point de vue pratique, il est à désirer que ces études se poursuivent ; nous croyons qu'on pourra en tirer des résultats de la plus haute importance au point de vue de la navigation.

CHAPITRE VIII

OBSERVATIONS ET INSTRUMENTS DIVERS

Nous allons terminer l'étude des instruments employés en météorologie par la description rapide de quelques appareils dont les indications sont d'une grande utilité pour les recherches météorologiques, mais qui trouvent généralement une application difficile en dehors des observatoires ou des grandes associations.

I. — *Actinomètres.*

En dehors de l'influence de la chaleur, dont nous avons vu les effets, il faut tenir compte de l'éclairement du ciel qui produit une impression marquée sur les plantes et même sur les êtres vivants.

L'*actinomètre* (fig. 28) est l'appareil destiné à donner la mesure de cet éclairement du ciel ; comme c'est un instrument que l'on doit consulter souvent, on doit préférer le plus simple.

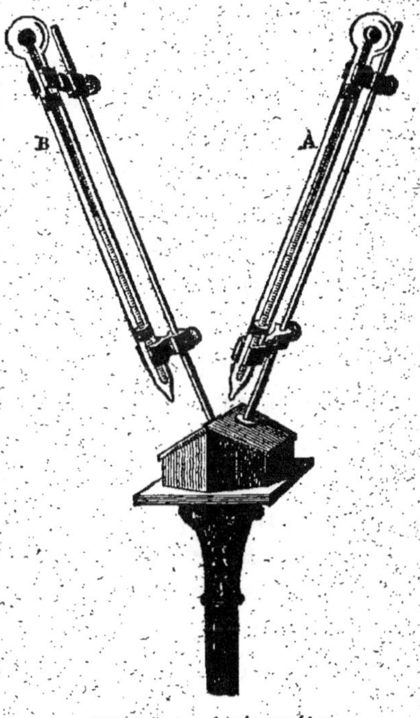

Fig. 28. — Actinomètre.

Celui qui semble remplir cette condition se compose de deux thermomètres à mercure, aussi sensibles que possible, et à réservoir sphérique. Le réservoir de l'un de ces thermomètres B a été noirci au noir de fumée ; l'autre A est nu. Chaque thermomètre est enfermé dans une enveloppe de verre où on a fait le vide.

Ces deux instruments sont placés l'un près de l'autre, à environ 2 mètres du sol, de façon à ce qu'ils se trouvent dans les mêmes conditions.

On note la différence de leurs indications qui donne un élément assez rapproché du phénomène étudié ; en effet, on a remarqué que ces deux thermomètres ne marchaient d'accord que dans l'obscurité ; le degré d'éclairement du ciel doit donc faire varier les observations qu'on en tire. Dès que le jour paraît, le thermomètre à boule noircie marque toujours une température supérieure à celle du thermomètre à boule libre.

D'autres appareils, fort compliqués, tels que les *actinomètres thermo-électriques*, les *cyanomètres*, les *polariscopes* conduisent à la connaissance des divers degrés de transparence du ciel.

Nous passons sous silence les instruments enregistreurs, et ceux qui indiquent les variations de l'électricité atmosphérique ou du magnétisme terrestre ; ils exigent des appareils d'une grande délicatesse, et leur emploi semble exclusivement réservé à quelques observatoires. Nous avons vu, lorsque nous avons décrit l'enregistreur du pluviomètre, tout ce qu'il nous était possible de dire sur ce sujet.

II. — *Évaporomètres.*

Nous n'avons pas signalé non plus, lorsque nous nous sommes occupés des pluviomètres, un instrument connu sous le nom d'*évaporomètre*, car son emploi sort des études que j'ai considérées jusqu'ici.

On conçoit, en effet, que la plus grande partie des eaux qui tombent du ciel est évaporée ; une faible portion se rend aux sources ou aux rivières : l'étude de la quantité d'eau que le sol perd par évaporation est très complexe, elle dépend d'une grande quantité de variations atmosphériques, parmi lesquelles la rapidité avec laquelle l'air se renouvelle et la température jouent un rôle important.

L'évaporo-mètre le plus connu est celui de Piche. On le voit repré-senté en E dans la figure 29; il se compose d'un tube étroit, fermé par une rondelle de papier non collé qu'on change chaque jour; on le tient

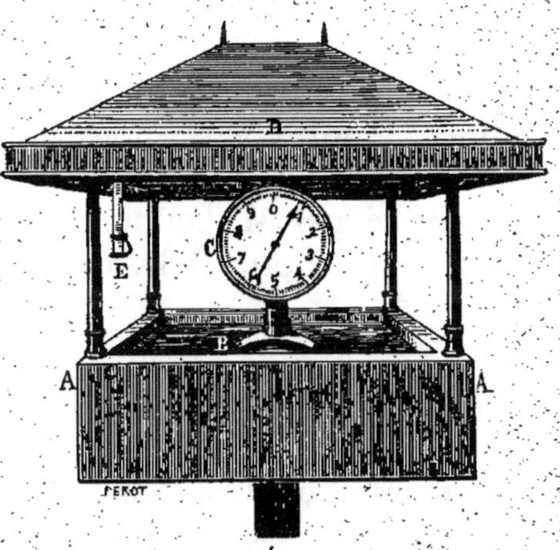

Fig. 29. — Évaporomètre.

renversé de manière à ce que la rondelle, étant en bas, soit toujours humide; il est gradué de manière à donner la mesure de l'évaporation au centième de millimètre.

L'*évaporomètre*, modèle Delahaye (figure 29), se compose d'un bassin A A, de 0, 25 de mètre carré de superficie, renfermant une couche d'eau de 0^m 10 environ de hauteur sur laquelle repose un flotteur qui commande une aiguille se mouvant sur le cadran C; le tout est couvert par un petit toit D destiné à abriter tout le système de la pluie sans entraver l'action de l'air.

Il est utile de remarquer que les indications des deux évaporomètres dont il s'agit concordent peu;

ce n'est donc pas au détail de leur marche que l'on doit accorder de l'importance mais plutôt à l'ensemble des faits qu'ils mettent en lumière.

III. — *Téléphone.*

Enfin, parmi les instruments plus curieux que pratiques, à notre avis, nous devons indiquer le *téléphone* dont l'emploi, d'après l'intéressante remarque faite par M. Dufourcet, vice-président de la Société du Borda à Dax, peut donner d'utiles indications.

« Le téléphone est appelé, je crois, dit M. Dufourcet, à rendre de grands services à la météorologie, et voici quelques observations qui me le font croire. J'ai en permanence dans ma cour deux barres de fer plantées en terre, à chacune d'elles est fixé un conducteur en fil de cuivre recouvert aboutissant à mon récepteur, que je consulte deux ou trois fois par jour et *qui n'a jamais manqué de me signaler douze à quinze heures à l'avance les divers orages qui ont éclaté sur notre ville depuis plusieurs mois.* Quand le temps est orageux, il se produit sur la plaque vibrante un bruit tout spécial, une sorte de grésillement qui va en augmentant à mesure que l'orage approche, et qui au moment où il a éclaté prend une intensité comparable à celui produit par la grêle frappant sur des carreaux de vitre. A chaque éclair, c'est comme si une pierre tombait dans la boîte sonore du téléphone. Les perturbations atmosphériques, les changements de température sont aussi annoncés par un bruit tout particulier, que je désignerai sous le nom expressif de *cris d'oiseaux.* Il n'est pas nécessaire pour entendre ces cris d'expérimenter sur une longue ligne; il suffit pour cela de faire une installation comme la mienne, de prendre la terre en deux points distants l'un de l'autre, de 7 à 8 mètres au minimum. »

Les conclusions des expériences de M. Dufourcet sont très faciles à vérifier. Elles avaient du reste été déjà signalées, croyons-nous, par M. Thurry.

IV. — *Pronostiqueur du temps.*

Nous allons terminer enfin par l'indication d'un *Pronostiqueur du temps* qui semble délaissé aujourd'hui.

On a fait grand bruit, il y a quelques années, autour d'un instrument nouveau dont les indications devaient fournir des pronostics certains des variations du temps. Nous indiquerons, d'après M. de Parville et M. Besson, les grandes lignes de construction de cet appareil.

Inventé par l'Italien Malacredi, le pronostiqueur du temps a été renouvelé par l'amiral Fitz-Roy qui a souvent vérifié l'exactitude de ses indications. Il se compose d'un tube en verre de 30 centimètres de hauteur sur 8 centimètres de diamètre. Ce tube est presque entièrement rempli par une dissolution de deux parties de camphre, une de nitrate de potasse et une de sel ammoniac, dans de l'esprit de vin pur et précipité partiellement au moyen de l'eau distillée. Le tube peut être ouvert ou fermé; on le place verticalement en le maintenant dans une immobilité absolue.

D'après les constructeurs Negretti et Zambra et, si l'on en croit les affirmations de l'amiral Fitz-Roy, on peut tirer de cet instrument les indications presque sûres de la prévision du temps.

Voici quels sont les signes qui permettent de les constater :

1° Si le temps doit être beau, la partie supérieure du liquide est claire et transparente ;

2° A l'approche de la pluie, la composition s'élève et les cristallisations se meuvent dans le liquide ;

3° Environ vingt-quatre heures avant les tempêtes, la composition s'élève à la partie supérieure du liquide qui paraît en fermentation. Les cristallisations présentent alors la forme d'une feuille ou d'un rameau ;

4° La direction d'où doit provenir la tempête est indiquée par la direction et la hauteur de la cristallisation qui naît toujours du côté d'où doit venir le météore ;

5° En hiver, le temps neigeux et la gelée sont indiqués par la hauteur de la composition ainsi que par les particules de la substance qui flottent sous forme de cristallisations étoilées ;

6° En été lorsque le temps doit être chaud et sec, la substance en dissolution est très basse ;

7° Enfin le nombre de particules cristallisées indique l'intensité des perturbations à venir.

Si les indications de cet instrument répondent à l'opinion de l'amiral anglais, on est en droit d'en attendre les résultats les plus merveilleux : il semble résoudre, en effet, le problème de la prévision du temps.

Nous les indiquons sous toutes réserves, car nous n'avons jamais été à même de les contrôler, cependant il semble qu'un instrument si utile serait plus universellement répandu, si on pouvait fonder quelque certitude sur ses indications.

V. — *Nuages.*

On doit tenir compte dans les études météorologiques de l'état du ciel. On a adopté pour faciliter les échanges d'observations une échelle variant de o à 10, le nombre 10 étant l'indice d'un ciel complètement couvert et o représentant un ciel absolument pur. — Quelques météorologistes désignent l'état général du ciel sous le nom de *nébulosité.*

Les nuages ont reçu, d'après la forme qu'ils affectent, les noms suivants :

Les *nimbus* sont des nuages peu élevés, de teinte grisâtre, qui occupent une grande partie du ciel.

Les *cirrus* offrent l'aspect de pelotons de laine cardée et de zébrures en forme de barbes de plumes. Les marins les appellent du nom fort imitatif de *quèues de chat.* Ce sont des nuages fort élevés, d'une température généralement froide. Leur apparition doit être notée avec soin, car elle précède souvent un changement de temps.

Les *cumulus,* que les marins nomment aussi *balles de coton,* représentent assez bien l'apparence de montagnes neigeuses roulant les unes sur les autres.

Les *stratus* sont des nuages affectant des formes particulières de zébrures horizontales.

On peut former les valeurs intermédiaires de la nébulosité observée par la combinaison de deux de ces mots : Ainsi, l'expression *cumulo-stratus* représentera l'apparence de nuages allongés plus denses et plus entassés que les cumulus proprement dits. Les *cirro-cumulus* indiqueront de petits nuages arrondis connus sous le nom de *nuages moutonnés*. Quand le ciel en est couvert, on dit qu'il est *pommelé*.

L'étude des nuages est intéressante par la variété des remarques qu'elle permet de faire. Quelle diversité n'observe-t-on pas dans la forme de ces montagnes roulantes, qui semblent se poursuivre, ou dans l'aspect toujours changeants des cumulus où l'on retrouve les images déformées et agrandies des objets les plus disparates.

VI. — *Développement de la végétation, modifications dans les habitudes des animaux.*

Une branche particulière des études météorologiques, dont l'étude attrayante ne nécessite qu'un penchant sérieux pour l'examen des phénomènes naturels, consiste à suivre le *développement de la végétation*, ou les *modifications dans les habitudes des animaux*.

On conçoit que les recherches tentées dans cette voie par un seul observateur ne donneront aucun résultat; aussi le Bureau central météorologique centralise-t-il toutes les études de ce genre qui sont discutées avec soin et dont on est parvenu à tirer les conclusions les plus intéressantes sur la détermination du climat.

Les observations sur le règne animal comprendront les époques d'arrivée, de départ ou de passage des oiseaux migrateurs, celles où les oiseaux sédentaires construisent leur nid ou font entendre leurs premiers chants.

Les observations sur les végétaux seront faites, spécialement sur les époques de bourgeonnement, la feuillaison, la floraison, la maturité et la défeuillaison.

Le Bureau central a indiqué les animaux et les végétaux sur lesquels devaient porter plus particulièrement les observations. Nous lui empruntons la liste suivante, qui pourra être modifiée suivant les régions.

Observations sur les phénomènes de la végétation et sur les animaux.

OBSERVATIONS SUR LES ANIMAUX

1° *Oiseaux* (1).

Nom scientifique.	Nom vulgaire.
Grus cinerea.	Grue cendrée.
Anas boscas.	Canard sauvage.
Motacilla flava.	Bergeronnette.
— alba.	Lavandière.
Scolopax rusticola.	Bécasse ordinaire.
Anser segetum.	Oie vulgaire.
Corvus cornix.	Corbeau.
Ciconia alba.	Cigogne blanche.
Sylvia atricapilla.	Bec fin, fauvette à tête noire.
— phœnicurus.	Bec fin de murailles.
— luscinia.	Rossignol ordinaire.
Alauda arvensis.	Alouette des champs.
Fringilla cælebs.	Gros bec, pinson.
Hirundo rustica.	Hirondelle de cheminée.
— urbica.	— de fenêtre.
— riparia.	— de rivage.
Cypselus apus.	Martinet de muraille.
Cuculus canorus.	Coucou ordinaire.
Columba palumbus.	Palombe.
Perdix coturnix.	Caille ordinaire.
Cygnus musicus.	Cygne ordinaire.

(1) Arrivée ou premier passage. Départ ou second passage.. Phénomènes divers, premier chant, nidification, etc., remarques

2° *Animaux divers*.

Réveil des chauves-souris.
— des loirs.
Réveil du hérisson.
— de la grenouille.
Montée du saumon.
— de la truite.
— de l'alose.
— des anguilles.
Apparition du hareng.
— du maquereau.
— de la sardine.
— du hanneton.
— de l'écrivain de la vigne.
— de la pyrale de la vigne.

Apparition de la piéride du chou (papillon blanc).
Apparition de la chenille processionnaire du chêne.
— du pin.
— du ver à soie de l'ailante (vernis du Japon).
— des guêpes.
— du frelon.
— des bourdons des champs.
— de la limace rouge.
— des limaces grises.
Les abeilles commencent à butiner.
Le limaçon sort de sa coquille.

OBSERVATIONS SUR LES VÉGÉTAUX

I. — *Plantes vivaces, arbres et arbustes* (1).
II. — *Phénomènes périodiques de l'agriculture*.

1° *Céréales* (2).
2° *Plantes diverses*.

Vigne, bourgeonnement.
— feuillaison.
— floraison.
— vendange.
Oïdium, apparition.
Colza d'hiver, semis.
— floraison.
— récolte.
Chanvre, semis.
— floraison.
— récolte
Luzerne, floraison.
Sainfoin, floraison.
Féverolles, semis.

Œillette, semis.
— floraison.
— récolte.
Lin d'hiver, semis.
— floraison.
— récolte.
Lin de printemps, semis.
— floraison.
— récolte.
Betteraves à sucre, semis.
— récolte.
Tabac, semis.
— plantation.
— écimage.

(1) Feuillaison, floraison, maturité, défeuillaison.
(2) Semailles, épiage, floraison, moisson.

Fèverolles, floraison.
— récolte.
Fauchaison des prés hauts et secs.
— des prés bas.
Pommes de terre, plantation.
Tabac, récolte.
Pommes à cidre, récolte.
Houblon, récolte.
Olivier, floraison.
— récolte.
Safran, floraison.

Nous n'hésitons pas à dire que les observations des particularités ci-dessus ne doivent servir que comme renseignements et qu'on aurait grand tort de leur accorder une confiance aveugle.

Le plus grand obstacle à la certitude de ce genre de remarques tient au phénomène en lui-même ; pour les animaux comme pour les plantes, tout est réglé par les effets passés et rien ne permet de présager ceux à venir.

On peut seulement dire, avec quelque certitude, que le passage des oiseaux voyageurs nous éclaire sur les variations dans l'état des saisons des climats lointains.

CHAPITRE IX

LA PRÉVISION DU TEMPS A COURTE ÉCHÉANCE

I. — *La prévision du temps dans l'antiquité.*

D'après ce que nous savons de l'histoire de la météorologie chez les premiers habitants de notre planète, il ne nous est pas difficile de conclure que les observations, à ces époques reculées, devaient être faites dans des conditions particulièrement défavorables : en effet, le souci constant de ces hommes livrés sans défense à toutes les intempéries des saisons devait être la recherche des signes qui précédaient les variations de temps dont ils avaient à supporter la rigueur et non l'observation des phénomènes eux-mêmes.

On le voit, la recherche de la prédiction du temps remonte aux âges les plus lointains de notre histoire, et cependant nous allons voir combien elle laisse encore d'incertitude, malgré les progrès que la science lui a fait faire.

L'histoire de l'astronomie nous montre l'importance des observations anciennes; en météorologie, il n'est pas possible de tirer grand profit des essais de prédiction qui furent en honneur dans l'antiquité. L'homme, réduit à ses seules forces, en face de la nature, supportait sans pouvoir les analyser les phénomènes atmosphériques. Comme nous l'avons vu, pour que la météorologie fût établie sur de véritables données scientifiques, il a fallu que la physique ait fait de grands progrès et qu'elle ait pu doter les savants d'appareils indicateurs des variations de l'air. Même après ce premier pas, combien d'années n'a-t-il pas fallu pour que la prévision du temps fût assise sur des bases solides! Il n'y a pas quarante ans, un savant astronome, dans une boutade regrettable, ne craignait pas d'écrire dans l'*Annuaire du bureau des longitudes* cette déclaration explicite : « *Jamais*, quels que puissent être les progrès des sciences, les savants de bonne foi et soucieux de leur réputation ne se hasarderont à prédire le temps. » Cette phrase malheureuse, échappée à la plume d'un homme remarquable, a été commentée diversement à maintes reprises ; mais on ne doit y voir que l'expression d'un mouvement de mauvaise humeur arraché à la conscience d'un savant à qui on prêtait les prédictions les plus absurdes. L'illustre académicien aurait dû mépriser ces calomnies lancées contre lui, mépriser le rôle ridicule de Nostradamus ou de Mathieu Laensberg qu'on se plaisait à lui faire jouer, et ne pas douter un instant que les progrès de la science puissent changer d'une manière absolue l'état des connaissances météorologiques.

De Humboldt affirmait au contraire que le problème de la prévision du temps n'est pas insoluble, mais que la science, par ses progrès continus, doit arriver à cette solution qui, en réalité, est le but final vers lequel elle tend.

Quoi qu'il en soit, il est certain qu'en 1846 rien ne permettait de supposer qu'un jour viendrait où l'homme pourrait « prévoir le temps ». Cette époque est cependant venue et nous allons indiquer les progrès qui ont préparé ce résultat.

Les phénomènes météorologiques sont soumis à une infinité de causes accidentelles et locales qui masquaient autrefois les lois primordiales de cette science aux observateurs isolés. De plus, il leur manquait une unité qui pût leur permettre de rendre leurs observations comparables ; ils étaient réduits à l'appréciation variable de leurs sens, on conçoit la diversité d'appréciation qu'on devait rencontrer dans l'étude d'un même fait ; pour s'en rendre compte, il suffit de consulter la relation faite par plusieurs observateurs d'un phénomène quelconque ; elle varie avec l'observateur, avec sa manière d'être au moment de l'observation et avec une foule de circonstances. Dans les recherches astronomiques, on en tient compte sous le nom d'*équation personnelle*. En météorologie, il est impossible de déterminer cette erreur qui, variant avec les observateurs, vient s'ajouter à une difficulté insurmontable : la multiplicité des causes dont sur la terre nous ne pouvons qu'éprouver les effets.

II. — *Importance de la météorologie au point de vue agricole.*

Avant de passer à l'étude des prévisions du temps nous croyons utile d'appeler l'attention de nos lecteurs sur l'importance de la météorologie au point de vue agricole.

Les premières remarques sur les phénomènes de l'air ont été faites par les cultivateurs, et ce sont aujourd'hui les cultivateurs qui attachent le moins d'importance aux études météorologiques. On croit généralement que le but des Sociétés météorologiques est de se borner à déterminer les éléments du climat d'un pays, ou à prédire les changements de temps. Or, comme ces prédictions ne peuvent, dans l'état actuel de nos connaissances, répondre à tous les désirs, les personnes qui tentent de faire progresser la météorologie agricole rencontrent dans les campagnes une insouciance et un manque d'appui regrettables.

On sait cependant assez l'heureuse influence que les observations météorologiques ont pu avoir sur les procédés de culture et les importantes modifications qu'elles lui doivent.

La conférence météorologique, tenue à Rome en 1879, s'est particulièrement occupée de l'étude de la météorologie agricole; elle s'est bornée à indiquer les mesures à prendre pour connaître les diverses circonstances climatologiques dont dépendent les cultures. Il est, sur cette question, certains faits qu'il est bon de rappeler ici (1).

Parmi les éléments météorologiques, il en est trois dont l'observation la plus simple montre l'influence prépondérante sur la végétation :

La chaleur qui influe puissamment sur l'assimilation pendant toute la durée de l'existence du végétal;

La lumière qui, dès que la plante est sortie de terre et a donné des feuilles, devient tout aussi indispensable que la chaleur pour la fabrication de la matière organique;

L'eau, qui sert de véhicule aux substances minérales et aux gaz circulant dans l'intérieur de la plante, qui fait partie intégrante du tissu organique et est la source de l'hydrogène contenu dans l'amidon, le sucre et les matières grasses, principes élaborés sous l'influence combinée de la chaleur et de la lumière.

L'observation attentive et régulière de la température de l'air et du sol, de la radiation calorifique et lumineuse du soleil, des hydrométéores tels que vapeur d'eau dissoute dans l'air atmosphérique, pluie, brouillard, rosée, neige, s'impose au météorologiste agricole.

Les vents, par leur direction directe et indirecte sur la végétation, doivent aussi être observés; ils agissent

(1) *Ciel et Terre.*

directement par les secousses qu'ils impriment aux plantes, secousses nuisibles lorsqu'elles sont violentes ; leur action indirecte résulte de leur température et de leur état de sécheresse ou d'humidité.

Théoriquement, les variations de la pression atmosphérique doivent amener une variation dans l'évaporation qui s'accomplit incessamment à la surface des végétaux, de l'eau et du sol. Mais la conférence a été d'avis que cette influence ne saurait être considérable. Elle a porté le même jugement sur le rôle de l'ozone ou oxygène électrisé contenu dans l'atmosphère.

Certains effets exercés sur la végétation par les éléments météorologiques sont trop connus pour qu'il soit nécessaire d'en parler longuement. L'étiolement, l'héliotropisme, la formation de la chlorophylle dépendent, on le sait, de l'agent lumineux. On sait aussi que les divers organes d'une plante réclament des quantités très différentes de chaleur, de lumière et d'humidité, car nous voyons qu'un temps chaud et sec favorise le développement des fleurs et des fruits, et qu'un temps humide et couvert pousse à la production des feuilles. Enfin, la distribution géographique des plantes du pôle à l'équateur est la preuve la plus imposante de l'inégalité des quantités de chaleur et de lumière nécessaires au développement normal et complet des différents végétaux.

Mais, à côté de ces quelques faits bien établis, que de points obscurs à éclaircir! Et pour n'en citer qu'un qui touche directement aux intérêts des cultivateurs, je dirai que les circonstances climatologiques dont dépendent les diverses cultures sont mal connues. Aussi, dès sa première séance, la conférence fut-elle saisie de la proposition suivante insérée dans un travail qui lui était présenté par M. Hann, directeur de l'Institut central de météorologie de Vienne :

« Il y a lieu de recommander aux gouvernements et aux corporations agricoles de veiller à ce que les stations soient distribuées de manière à pouvoir déterminer les conditions climatologiques dont dépendent les cultures de diverses sortes, aussi bien au centre qu'aux limites nord et sud de la région qu'elles occupent. »

La conférence adopta cette proposition et même en étendit la portée, en déclarant qu'il lui semblait très important que dans le plus grand nombre possible d'exploitations administrées sur une base rationnelle on fît, pour les cultures croissant dans les différents terrains, l'observation des éléments météorologiques principaux. La comparaison des produits de la récolte avec les éléments météorologiques permettrait de déceler l'influence exercée par le climat sur chaque végétal. »

Malheureusement cet appel du congrès n'a pas eu, parmi les agriculteurs, l'écho qu'on était en droit d'attendre, et cette fois encore nous devons déplorer que les cultivateurs se refusent à l'étude de la météorologie agricole qui pourrait avoir sur le développement de notre culture l'influence la plus heureuse.

III. — *Opinions diverses sur la possibilité de la prévision.*

Les instruments que la physique a mis à notre disposition nous permettent d'apporter plus de précision et de netteté à l'interprétation des phénomènes de la nature. Aussi est-on arrivé aujourd'hui à prédire le temps.

Nous devons tout d'abord expliquer ce qu'on doit entendre par la prévision du temps. Est-elle possible ? Oui, dans une certaine limite que nous allons étudier. Non, si on lui demande d'indiquer le temps qu'il fera le 1er janvier de l'année prochaine, par exemple. De cette distinction naissent deux sortes de prévisions : celles qui sont basées sur des principes scientifiques, qui ne donnent que des prévisions à courte période, et celles qui sont établies sur des théories discutables dont les auteurs pensent pouvoir prédire le temps à longue échéance.

De ces deux modes de prévision, le premier est le plus aride et le plus sévère; le second, plus attrayant, emprunte aux légendes, aux dictons populaires une partie de son intérêt. Est-ce à dire que nous rejetterons complètement cette seconde prévision. Non, nous essaierons, au contraire, de donner l'explication de ces proverbes que le peuple redit depuis des siècles et nous serons souvent fort étonnés d'y retrouver les éléments les plus curieux des prédictions modernes.

La prévision scientifique a trouvé un auxiliaire puissant dans les observations simultanées et précises qu'elle a demandées à ses adeptes. Elle a commencé par établir des termes que nous avons étudiés plus haut, dont la netteté a permis de comparer les renseignements recueillis; puis, non contente d'augmenter chaque jour la précision des observations, elle a compulsé d'innombrables documents et, avec l'élan donné par quelques théories nouvelles, elle est arrivée à trouver dans les résultats acquis le principe des lois météorologiques qui ont été formulées.

On conçoit que ces lois ne satisfassent pas absolument, dans tous les cas, aux phénomènes observés; en effet, nous ne voyons que la résultante de plusieurs forces; des effets, nous sommes obligés de remonter aux causes. C'est la synthèse de l'atmosphère que nous sommes contraints de faire pour chacun des cas considérés; or, on sait combien la synthèse est ardue à côté de l'analyse qui est la base générale des autres sciences.

Où en est actuellement la prévision du temps? Est-on en droit d'affirmer qu'elle a fait jusqu'ici trop peu de progrès pour qu'il soit raisonnable d'en attendre une solution satisfaisante? Pour répondre à ces deux questions nous allons établir les faits acquis.

Il est dans la nature de toutes les productions humaines de commencer par un fait nouveau qui, par la suite seulement, peut acquérir une importance parfois capitale. Celui qui l'a découvert n'en sait pas lui-même parfois reconnaître toute la portée.

Si nous remontons à l'origine des sciences, nous voyons les premières observations astronomiques, par exemple, consacrées exclusivement aux pratiques de l'astrologie. Les mouvements célestes, étudiés avec soin pendant des siècles, restèrent inféconds, et les prêtres égyptiens, qui recueillaient les mouvements des corps célestes, ont-ils jamais pensé que leurs observations serviraient un jour à diriger sûrement des villes flottantes ou à mesurer les dimensions de ce globe qu'ils ne connaissaient même pas? Les alchimistes, en cherchant la transmutation des métaux, ont mis en évidence les corps les plus utiles de la chimie moderne. L'électricité elle-même n'a-t-elle pas été, pendant longtemps, considérée comme un simple jeu, capable à peine de distraire un enfant?

L'origine de la météorologie est tout autre. Dès les premières observations, on lui a demandé de prévoir les orages, de prédire la pluie et le beau temps. Les savants ont, pendant longtemps, refusé de se soumettre à cette obligation. Pour eux, la science était encore trop indécise pour qu'il fût permis d'attribuer un but aussi complexe aux résultats de leurs recherches. Ils se contentaient de tirer de leurs observations ce que la théorie leur montrait comme possible et ils entassaient les renseignements sans en tirer autre chose que des données générales sur les climats. Leur rôle se bornait à établir des moyennes; accumulant les observations thermométriques, ils en concluaient la température moyenne d'une contrée, ils constataient les lois de décroissance de la température avec la hauteur, ils mesuraient la quantité moyenne d'eau qui tombait sur le sol. Il a fallu les travaux de quelques savants hardis pour franchir cette barrière qui semblait parquer la météorologie dans un rôle théorique et amener les météorologistes à tirer des observations les conséquences pratiques les plus remarquables.

La météorologie, née d'hier, sous la conduite des Maury, des Dove, des Buys-Ballot, des Le Verrier, a rapidement grandi et est digne d'occuper l'attention des savants au même titre que l'astronomie ou la physique. Elle a sur ces sciences mathématiques un avantage considérable, les appareils qui nous procurent ses éléments sont les plus vulgaires de la physique : le baromètre, le thermomètre, ou plus familiers encore, la girouette. Il suffit, pour faire de la météorologie, de savoir consulter ces instruments et d'enregistrer les résultats pendant de nombreuses années, sans qu'il soit besoin, pour combiner les chiffres obtenus, d'avoir fait des études préliminaires.

Généralement le public éprouve plus d'intérêt pour un fait qui frappe son imagination, que pour un phénomène dont les effets sont plus graves, mais se produisent lentement. On est plus frappé par la relation d'un tremblement de terre que par l'étude des effets de l'océan sur nos côtes. L'esprit se laisse plus fortement impressionner par les récits d'un incendie ou d'une inondation que par l'exposé des désastres que la grêle ou la gelée ont pu causer. On serait moins indifférent devant ces phénomènes dévastateurs, si on connaissait mieux l'étendue des pertes qu'ils nous font subir.

L'action destructive des météores ne se produit point d'une manière régulière : de 1873 à 1877 elle a varié, pour les pertes occasionnées par la grêle, de 47 à 152 millions ; pour la gelée, de 15 à 247 millions. Bien que ces chiffres n'aient rien d'absolu, ils permettront d'établir une moyenne du terrible impôt que nous payons à ces fléaux.

On s'étonne de ne pas rencontrer, dans le public, un plus grand appui pour combattre ces ravages. Il y a deux manières de se rendre utile, à ce point de vue : la première consiste à contribuer à l'achat et à la propagation des instruments de météorologie ; la seconde, à la portée de tous, consiste à faire des observations. Car l'un des obstacles principaux qui s'est toujours opposé aux progrès de la météorologie, c'est l'immense quantité de documents dont elle doit pouvoir disposer. Le jour où, sur tous les points du globe, il y aura un observateur, la prévision du temps sera un fait accompli.

On concevra d'autant mieux l'urgence d'un système de prévision du temps, qu'aux chiffres qui précèdent nous pouvons joindre les suivants qui se rapportent aux naufrages. Les statistiques permettent d'établir que, sur 30,000 ou 35,000 bâtiments, il a péri :

En 1852.....	1,850 navires,	soit plus de	6	pour 100.
En 1853.....	1,610 —	—	5	—
En 1854.....	2,130 —	—	7	—
En 1855.....	1,982 —	—	6	—
En 1856.....	2,214 —	—	7	—

Plus récemment, les sinistres dûs aux tempêtes ont donné les résultats suivants communiqués par le bureau *Veritas* :

	Navires perdus.	
1872................	2.682 à voiles.	188 à vapeur.
1873...............	2.165 —	204 —
1874..............	1.999 —	131 —
1875..............	1.524 —	153 —
1876	1.398 —	132 —
1877..............	1.649 —	115 —
1878..............	1.268 —	110 —
Total.....	12.685 à voiles.	1.033 à vapeur.

Ces chiffres n'ont pas besoin de commentaires, et il suffit de penser qu'un service de prévision plus avancé pourrait prévenir un grand nombre de ces désastres. Il est par là bien démontré que la météorologie est une des sciences les plus utiles ; les gouvernements et les particuliers devraient, en conséquence, lui donner l'appui le plus généreux et le plus constant.

IV. — *Origine de la prévision du temps.*

Nous avons vu que c'est par l'association d'un grand nombre d'observateurs que la météorologie doit progresser ; or, il est curieux de rechercher à quelle époque cette idée de réunir des observations simultanées se produisit.

Les Allemands veulent bien s'en rapporter toute la gloire. On sait, en effet, que la Société palatine, fondée sous le patronage de l'électeur Charles-Théodore, en 1780, réunit des observations qu'elle publia jusqu'en 1792. Eh bien, n'en déplaise à nos voisins, c'est à Borda que revient le droit de priorité, M. Radau (1) l'a fort bien remarqué. Le fait est rapporté par Lavoisier qui ne dédaigna pas de contribuer à l'organisation d'un système d'observations simultanées inauguré par Borda. Il rapporte que celui-ci avait fait observer pendant quinze jours, aux mêmes heures, des baromètres placés aux extrémités de la France, et que la discussion des observations l'avait amené à soupçonner l'existence d'une

____

(1) Radau, *Météorologie nouvelle.*

corrélation entre la force, la direction des vents et les variations du baromètre notées dans un grand nombre de lieux éloignés les uns des autres. Les conclusions auxquelles Borda avait été si heureusement amené frappèrent Lavoisier qui proposa à quelques membres de l'Académie de reprendre cet essai en lui donnant l'extension qu'il méritait. De nombreuses conférences réunirent Lavoisier, le chevalier d'Arcy, Vandermonde, Laplace, Montigny et quelques-uns de leurs collègues; un certain nombre de baromètres exacts et comparables furent distribués. Or, le chevalier d'Arcy étant mort en 1779, la tentative de Borda et de Lavoisier est antérieure aux observations de la Société palatine qui commencèrent seulement en 1781.

Une autre note de Lavoisier prouve que ce profond penseur avait découvert les premiers principes des lois qui ont conduit à la prévision du temps.

« La prédiction des changements qui doivent arriver au temps, dit-il, est un art qui a ses principes et ses règles... Les données nécessaires pour cet art sont : l'observation habituelle et journalière des variations du mercure dans le baromètre, la force et la direction des vents à différentes élévations, l'état hygrométrique de l'air. Avec toutes ces données, il est presque toujours possible de prévoir un ou deux jours à l'avance, avec une assez grande probabilité, le temps qu'il doit faire ; on pense même qu'il ne serait pas impossible de publier, tous les matins, un journal de prédictions qui serait d'une grande utilité pour la société. »

Ne trouve-t-on pas là en germe le projet de

cette immense association qui transmet, de nos jours, les avis météorologiques des points les plus éloignés au bureau météorologique.

A l'époque où Lavoisier fit la tentative d'association que nous avons signalée plus haut, il ne pouvait disposer d'aucun moyen facile de correspondance, mais son idée féconde devait produire des fruits.

Déjà, lorsqu'en 1793, à la Constituante, Romme présentait le télégraphe de Chappe, il n'oubliait pas de signaler, parmi les avantages du système, la facilité qu'il pourrait procurer aux physiciens pour l'échange des observations et la possibilité où il les mettrait de prévoir l'arrivée des tempêtes et d'en donner avis aux ports ou aux cultivateurs.

En 1852, les fondateurs de la Société météorologique de France disaient, dans leur circulaire : « Avant peu, l'Europe entière sera sillonnée de fils métalliques qui, faisant disparaître les distances, permettront de signaler, à mesure qu'ils se produiront, les phénomènes atmosphériques et d'en prévoir les conséquences les plus éloignées ». Déjà, en 1842, M. Piddington et, en 1850, M. Redfield avaient proposé l'application du télégraphe électrique à l'étude de la propagation des tempêtes.

En 1855, cette idée qui germait dans plusieurs esprits entra définitivement dans la pratique. Cet heureux résultat avait été produit par l'impression profonde qu'avait laissée le terrible ouragan du 14 novembre 1854. La tempête avait assailli dans la mer Noire les flottes alliées de France et d'Angleterre et avait causé la perte du vaisseau français le *Henri IV*. Le même jour ou à un jour d'intervalle, suivant les localités, des coups de vent avaient éclaté dans l'ouest de l'Europe, sur l'Autriche et sur l'Algérie. La marche du phénomène pouvait être suivie et prouvait qu'il s'était étendu sur une grande surface. Une enquête fut commencée, sur l'invitation du maréchal Vaillant, par Le Verrier, et les météorologistes de tous les pays furent invités à faire connaître tous les renseignements qu'ils auraient pu recueillir sur l'état du ciel pendant les journées du 12 au 16 novembre. La haute position et la renommée de Le Verrier contribuèrent puissamment à augmenter l'empressement que les savants étrangers mirent à répondre. Plus de 250 envois de documents parvinrent à l'Observatoire. Leur discussion montra que l'ouragan avait traversé l'Europe du nord-ouest au sud-est et que, s'il eût existé une communication avec la Crimée, nos flottes prévenues à temps auraient pu se mettre en garde contre les efforts de la tempête.

Le 16 février 1855, Le Verrier soumit à Napoléon III le projet d'un vaste réseau de météorologie destiné à avertir les marins de l'arrivée des tempêtes : « Proposez avec assurance, lui fut-il répondu, ce que vous jugerez convenable. La question est trop importante pour que Sa Majesté ne désire pas voir vos efforts couronnés de succès. »

L'élan était donné et l'organisation du réseau français ne tarda pas à se terminer. En 1856, treize stations adressaient chaque jour un télégramme météorologique à l'Observatoire de Paris; onze autres expédiaient leurs observations par la poste. Vers la fin de 1857 on commença à faire paraître ces indications dans le *Bulletin international* qui, depuis le 1ᵉʳ janvier 1858, a paru tous les jours sans interruption.

L'énergie persistante de Le Verrier vint seule à bout des résistances de toutes sortes que rencontra l'extension de ce réseau, et le 23 novembre 1863 seulement, il put donner, pour la première fois, une carte synoptique de la situation atmosphérique de l'Europe.

Le but principal du savant directeur de l'Observatoire avait été de créer un service d'avertissement maritime ; aussi ne tarda-t-il pas à grouper les observations des nations étrangères. Cette première partie du programme était donc résolue, car, au point de vue de la prévision des tempêtes, la météorologie est arrivée à des résultats particulièrement remarquables. On rencontra de grandes difficultés quand on voulut étendre les prévisions aux besoins de l'agriculture. En effet, ce n'étaient plus la direction et l'intensité probable du vent qu'il fallait déterminer, car ces phénomènes ont peu d'intérêt pour les cultivateurs, ce n'était rien moins que la probabilité de la pluie, des orages, de la grêle, etc., que l'on demandait.

Or, ces phénomènes varient essentiellement avec les conditions locales, avec la configuration du sol, avec le genre des cultures, en sorte que ces prévisions, dans un grand nombre de cas, ne sont pas aussi satisfaisantes que celles de la probabilité du vent.

Les prédictions intéressant les marins ont commencé en 1860, mais, en raison de leurs difficultés, celles qui intéressaient l'agriculture n'ont paru qu'en 1876, à titre d'essai, dans les départements du Puy-de-Dôme, de l'Allier et de la Vienne. Depuis cette époque, le service fonctionne dans tous les départements et rend aux cultivateurs, assez intelligents pour consulter ces prévisions, des services signalés. C'est ainsi que cette idée toute française de la prévision du temps par le télégraphe a reçu sa plus noble consécration.

V. — *Théorie des cyclones.*

On a admis, pendant longtemps, que l'atmosphère était parcourue par deux grands courants d'air, le *courant polaire* et le *courant équatorial*. Le premier, placé au-dessous de l'autre, était formé d'air froid, tandis que le second était composé d'air chaud. Ces deux grands courants, se déplaçant mutuellement, produisaient dans leur cours toutes les variations du temps. L'étude des diverses positions de ces deux courants constituait donc le véritable problème de la météorologie, mais cette étude présentait tant d'imprévu que les météorologistes désespéraient de jamais plier ces capricieux phénomènes à des lois sûres et constantes.

La théorie précédente semblait laisser place à trop d'incertitude et ne rendait pas un compte suffisant des observations ; on a] proposé l'explication suivante. On pense que tous les vents sans exception appartiennent à deux sortes de tourbillons se déplaçant à la surface de notre globe de l'occident vers l'orient : les uns, *centrifuges*, coïncidant avec une période de beau temps ; les autres, *centripètes*, répondant à des phases de pluie, de neiges, etc.

On étudia aussitôt ces curieux tourbillons et la théorie nouvelle de la prévision du temps se basa, d'une façon absolue, sur l'étude des dépressions barométriques.

Dans les temps de calme, la hauteur du baromètre ramenée au niveau de la mer, varie très peu pour une grande étendue de pays. On se rappelle que les lignes qui passent par les points d'égale hauteur barométrique ou mieux d'égale pression reçoivent le nom d'*isobares*. Or, ces lignes, qui sont à peu près parallèles, auraient une forme permanente si des variations continuelles ne venaient les modifier.

L'étude des lignes *isobares* a permis de constater que, fort souvent, la pression atteint un minimum à un endroit et augmente tout autour de ce point, dans toutes les directions et d'une manière plus ou moins régulière. Ce centre reçoit le nom de *dépression* et quelquefois celui de *aire de basse pression*. Il importe, pour l'intelligence de ce qui va suivre, de bien comprendre la valeur de ces courbes d'égales pressions et de se rendre un compte exact de la manière dont une dépression se signale à nos yeux.

Ici, il faut se reporter par la pensée au bord d'un cours d'eau ; on peut y remarquer des tourbillons animés d'un mouvement de rotation rapide et cependant entraînés par le courant ; il en est de même des tourbillons atmosphériques qui, suivant leur importance, reçoivent les dénominations de *dépressions*, *bourrasques* ou *cyclones*. Dans la pratique on a continué de désigner un tourbillon par l'un des noms précédents.

Le fait que les tourbillons de l'air, tout en tournant sur eux-mêmes, suivent un grand courant, suffit à établir d'une façon bien simple les bases de la prévision.

On n'a pas encore suffisamment fixé l'origine ou le mode de formation de ces cyclones qui sont transportés d'un continent à l'autre, mais suivent toujours une route qui les porte de l'ouest vers l'est. On devine que la prédiction devient facile. En Europe, chaque établissement particulier est avisé, tous les jours, par dépêche télégraphique, des principales observations météorologiques (baromètres, thermomètres, anémomètres, direction du vent, état du ciel), provenant principalement d'un grand nombre de stations. A l'aide de ces renseignements on dresse la carte des pressions et des vents, qui est la plus importante, puis celle des températures.

Les courbes de la première font invariablement apparaître à la surface de l'Europe des tourbillons que l'on indique sur une carte, publiée au bulletin, qui permet au public de se rendre compte de la situation et de l'importance de ces tourbillons.

Quant aux prévisions, on voit déjà comment on peut les établir. Étant donnés l'état et la situation des tourbillons ainsi que leur allure pendant les jours précédents, on en conclut la marche et les caractères probables qu'ils auront le lendemain, en s'appuyant en outre sur des considérations fournies par des exemples antérieurs.

Dans nos régions, les cyclones se déplacent d'un point compris entre le sud-ouest et le nord-ouest vers une région comprise entre le nord-est et le sud-est. Le centre de dépression s'observe généralement sur le nord des Iles Britanniques et s'abaisse même jusqu'aux rivages de la Manche, parfois aussi jusque dans le midi de la France. On conçoit donc que, dans ces conditions, les tempêtes puissent être annoncées en France lorsqu'elles touchent la pointe la plus occidentale des Iles Britanniques. Le poste le plus avancé, celui qui reçoit le premier la tempête, est *Valentia* en Irlande. Or, si on sait qu'il y a entre Valentia et Brest, par exemple, une distance de 600 kilomètres, et qu'on suppose que le cyclone parcourt 50 kilomètres à l'heure, les habitants de Brest auront reçu avis de la bourrasque douze heures avant d'en avoir ressenti les atteintes et pourront prendre les précautions nécessaires.

Le Bureau central météorologique de France reçoit chaque jour, par télégramme, les observations faites dans plus de cent stations diverses et en publie les résultats dans son *Bulletin* qui donne deux cartes montrant : la première, la distribution de la pression barométrique à la surface de l'Europe, la seconde, les variations de température. Les autres particularités du temps sont figurées par des signes spéciaux. Chaque jour, à midi, le Bureau central télégraphie à 85 de nos ports les avertissements maritimes et enfin les avertissements agricoles sont expédiés tous les jours.

VI. — *Les avertissements météorologiques à l'étranger.*

Il peut être intéressant de connaître d'une manière générale le fonctionnement des établissements météorologiques à l'étranger.

L'Angleterre, par sa position particulière, avait un intérêt capital à connaître les prévisions des tempêtes ! La perte d'un superbe bâtiment, le *Royal Charter*, hâta l'organisation du service d'avertissement.

Ce service, qui fonctionna d'abord sous la direction de l'amiral Fitz Roy, ne commença à être établi d'une manière définitive que vers la fin de 1861 ; il ne fut pas accueilli avec faveur, car ses avis étaient généralement formulés d'une façon trop vague, les tempêtes signalées pouvant se produire dans un laps de temps de soixante-douze heures.

L'incertitude de ce système de prévision ne cessa qu'à la mort de l'amiral anglais en 1865, lorsque la Direction du service eut été confiée à M. Robert H. Scott qui, par une sage réorganisation, sut inspirer une grande confiance dans les prédictions émanées de l'établissement.

Par suite de la marche régulière des bourrasques qui se déplacent de l'ouest vers l'est, on voit combien les côtes orientales sont plus exposées à être surprises que les rivages opposés. Dans ces conditions la côte atlantique des Etats-Unis est éminemment bien placée pour être avertie à temps des tempêtes signalées dans l'ouest, car les dépêches expédiées au bureau central de Washington permettent de suivre, pour ainsi dire, pas à pas, la marche du tourbillon.

C'est en Amérique que nous voyons la plus vaste application de la télégraphie à la météorologie. *Le Signal Office*, pourvu d'une subvention considérable, continue les travaux si bien commencés par la Smithsonian Institution, dont les observations remontent à 1849.

Depuis le mois de février 1870, le service a été confié au corps des télégraphistes militaires et, sous l'habile direction du général Myer, il est devenu le plus parfait qui existe actuellement.

Pour fixer les idées au sujet de l'importance de l'étude des tempêtes en Amérique, nous croyons utile de signaler les détails suivants :

Des tableaux fournis par le *Signal Office U. S. Army*, on conclut la fréquence relative des tempêtes pour chaque mois de l'année. D'après les données recueillies pendant 134 mois, de 1863 à 1883, qui contiennent une description sommaire de 2,730 tempêtes étudiées dans ce vaste espace, de janvier 1876 à août 1881 ; 413 de ces tempêtes ont commencé et fini en Amérique ; 589 ont commencé en Amérique et fini sur l'Atlantique ; 190 ont commencé en Amérique et traversé l'Atlantique ; 326 ont commencé et fini sur l'Atlantique ; 655 ont commencé sur l'Atlantique et fini en Europe ; 491 ont commencé et fini en Europe ; et 66 ont commencé en Amérique et traversé l'Atlantique et l'Europe. La possibilité de faire connaître sur notre continent, par le télégraphe, l'approche des tempêtes impose le devoir d'attirer de nouveau l'attention sur la nécessité de placer ce service de dépêches, entre les mains d'une autorité compétente et seule responsable.

Le tableau annuel montre que la région d'Amérique où les tempêtes se produisent le plus fréquemment est une zone d'environ 300 kilomètres de largeur, s'étendant des sources de la rivière Rouge (par 95° de longitude occidentale environ) jusqu'à l'embouchure du Saint-Laurent (environ 70° de longitude occidentale), en passant par les grands lacs. Cette zone est entourée d'une région plus étendue où le nombre de tempêtes, quoique moins considérable, est cependant au-dessus de la moyenne; et cette seconde région est entourée d'une troisième plus considérable encore, qui s'étend du 105° degré de longitude occidentale, vers l'est, à travers les Etats-Unis, le Canada et l'Atlantique, jusqu'au 20° de longitude occidentale.

Le nombre des stations qui correspondent ave le *Signal Service* est considérable. On en compte plus de cent sur le territoire des Etats-Unis, douze au Canada. Toutes ces stations sont reliées télégraphiquement au bureau de Washington. Quelques-uns de ces postes sont établis à des hauteurs considérables. Il suffit de citer les sommets du Pike's Peak, dans le Colorado (4,340 mètres) du mont Washington, dans le New Hampshire (1,938 mètres), du mont Mitchell, dans la Caroline du nord (2,040 mètres), ainsi que la ville de Santa-Fé située à 2,095 mètres.

Quelques stations élevées existent également en Europe.

Sans parler des postes météorologiques qui n'ont eu qu'une durée limitée, comme la station hibernale de Saint-Théodule (3,333 mètres), maintenue, pendant plusieurs années, par le zèle et le désintéressement de Dollfus-Ausset, on sait que les religieux du Saint-Bernard font à 2,500 mètres, depuis un grand nombre d'années, sous la direction de M. Plantamour, une série d'observations qui, comparées à celles de Genève, jettent un grand jour sur les variations de l'atmosphère.

On peut citer encore les hautes stations alpestres de Val-Dobbia, sur le mont Rose, de Juliers (dans les Grisons), du Saint-Gothard, du Bernardin et du Simplon, dont les altitudes sont comprises entre 2,548 et 2,008 mètres.

En France, en dehors des observatoires du Puy-de-Dôme et du Pic du Midi (fig. 30 et 31), on compte d'autres stations élevées, telles que celles de Semnoz, du Ventoux, de l'Aigoual, du Mézenc, dont quelques-unes fonctionnent déjà.

On sait que l'Observatoire du Pic du Midi est dû à la courageuse initiative de MM. de Nansouty et Vaussenat. Placés à plus de 2,900 mètres d'altitude les observateurs se trouvent dans les meilleures conditions pour étudier les phénomènes météorologiques. La fig. 30 donne une vue d'ensemble de la station du Pic du Midi. MM. Müntz et Aubin ont obtenu de l'obligeance des directeurs de l'observatoire l'autorisation d'installer un laboratoire fig. 31) où ils poursuivent les recherches les plus intéressantes sur la composition de l'air.

Fig 3o. — L'observatoire du pic du Midi, vue d'ensemble.

Fig. 31. — Le pic du Midi, l'observatoire et le laboratoire de MM. Muntz et Aubin.

En Hollande, M. Buys-Ballot a organisé à Utrecht tout un service de prévision.

En Allemagne, la *Deutsche seewarte* (Observatoire maritime) de Hambourg, réunit les observations d'un grand nombre de stations.

Les *Annales du bureau central météorologique de France* renferment chaque année, en dehors de l'ensemble des observations, des rapports détaillés sur diverses questions intéressantes de la météorologie. Ces travaux sont dus aux chefs des différents services MM. Fron, Angot, L. Teisserenc de Bort.

La lecture de ces publications ne laisse aucun doute sur l'importance et la valeur scientifique de la prévision du temps à courte période, dont les bases gagnent chaque jour en exactitude et en précision.

Le Verrier, avec son puissant génie, avait deviné l'avenir de la prévision et n'avait pas hésité à le formuler en ces termes :

« Signaler un ouragan dès qu'il apparaîtra en un coin de l'Europe, le suivre dans sa marche au moyen du télégraphe, et informer en temps utile les côtes qu'il pourra visiter, tel devra être le dernier résultat de l'organisation que nous poursuivons. Pour atteindre ce but, il sera nécessaire d'employer toutes les ressources du réseau européen, et de faire converger les informations vers un centre principal, d'où l'on puisse avertir les points menacés par la progression de la tempête.

« Toutes les nations ont intérêt à se prévenir les unes les autres de l'apparition des tempêtes, et ce n'est que par un concours mutuel qu'on peut espérer d'arriver à des résultats sérieux et considérables. »

CHAPITRE X

BASES DES PRÉVISIONS A COURTE ÉCHÉANCE

I. — *Loi des tempêtes.*

La connaissance de la loi des tempêtes a donné une sûreté jusqu'alors inc.nnue aux prévisions du temps. On a reconnu, en effet, que les bourrasques d'Europe affectent généralement une forme constante ; c'est l'étude de ces phénomènes que nous allons mettre sous les yeux de nos lecteurs.

On a vu ce que les météorologistes désignent sous le nom *d'isobares*. Ce sont des lignes qui relient les points d'égale hauteur barométrique. Ces lignes affectent la forme de courbes fermées circulaires, ou mieux celle de courbes elliptiques à faible excentricité et indiquent que la pression va en augmentant du centre à la circonférence. En France on les trace, généralement, de 5 en 5 millimètres de pression, mais cette valeur peut varier suivant la carte considérée.

Si l'on est à même de suivre, pendant quelque temps, les cartes météorologiques on s'aperçoit rapidement que la force et la direction du vent sont en rapport intime avec la distribution des pressions.

Lorsque celles-ci sont uniformes, c'est-à-dire lorsque la carte contient peu d'isobares, on ne ressent aucun vent fort, mais dès que les pressions varient rapidement, ce qui apparaît immédiatement par le grand nombre de lignes tracées sur la carte, on doit craindre des vents violents et des tempêtes.

Dans tout ce qui va suivre, nous nous occuperons spécialement des tempêtes de notre continent dont l'étude a pour nous un intérêt immédiat.

Si vous consultez une carte dressée pour un jour de tempête ou de baisse barométrique, vous remarquerez que les isobares sont fort rapprochées et qu'elles s'arrondissent autour d'un centre où la pression est la plus faible et qu'on nomme : *centre de la dépression* ou *minimum barométrique*.

Cette dépression, dans certains cas, atteint un minimum inférieur à 720^{mm}, on a remarqué cependant des minimum encore plus faibles et descendant jusqu'à 710^{mm}. En Islande, on a même signalé un minimum barométrique égal seulement à 692^{mm}.

L'étendue des bourrasques est elle-même éminemment variable, elle peut atteindre un développement énorme, couvrant l'Europe tout entière ; en général elle varie entre 1,000 et 3,000 kilomètres.

La marche du phénomène est indiquée par les flèches qui marquent la direction et la force des vents ; ces flèches qui sont presque partout parallèles aux *isobares* subissent cependant une légère inflexion vers le centre. Mais l'aspect général est bien celui d'un tourbillon ; c'est, en effet, la forme qu'affectent les tempêtes.

Nous pouvons déjà, d'après ce que nous avons vu plus haut, établir d'une façon générale la loi des ouragans.

Leurs caractères particuliers apparaissent dans leurs formes ; et sont des tourbillons dans lesquels la force du vent, presque nulle au centre, augmente jusqu'à une faible distance de la circonférence où la violence de la tempête s'apaise rapidement. Ce qu'ils ont de remarquable, c'est la constance dans le sens de leur rotation. Sur l'hémisphère nord (celui que nous habitons), ce mouvement a lieu de droite à gauche (dans la pratique, en sens inverse des aiguilles d'une montre), et de gauche à droite (dans le sens des aiguilles d'une montre) de l'autre côté de l'équateur.

De la constance de ces mouvements on a pu en conclure une loi, connue sous le nom de *loi Buys-Ballot* : « Tournez le dos au vent, étendez le bras gauche, le centre (du cyclone) est dans cette direction. »

La liaison constatée entre la direction du vent et la pression barométrique avait déjà permis d'établir la règle suivante : « Tournez le dos au vent, le baromètre sera plus bas à votre gauche qu'à votre droite ».

Les nouvelles théories auraient rendu un signalé service aux navigateurs, alors même qu'elles n'auraient donné que les deux lois précédentes. En effet, elles ont une importance considérable pour les marins naviguant loin des côtes ; elles leur permettent de déterminer avec une plus grande approximation les centres de dépression où les vents sont particulièrement dangereux. Quant à la distance à laquelle on se trouve du centre, on la détermine moins exactement ; on doit l'estimer à peu près, en basant ses appréciations sur la marche du baromètre qui baisse d'une manière assez régulière, depuis la circonférence jusqu'au centre où l'on observe la colonne mercurielle la plus faible. Nous avons vu que ce minimum peut varier de 720^{mm} (valeur moyenne) à 692^{mm}. D'après les recherches de M. Bridet, un navire peut s'estimer à 24 heures du centre d'un ouragan quand le baromètre baisse de $0^{mm},3$ par heure ; à 18 heures, s'il baisse de $0^{mm},6$; à 12 heures, s'il baisse de $1^{mm},0$; à 9 heures, s'il baisse de $1^{mm},5$; à 6 heures, s'il baisse de $2^{mm},0$; à 3 heures, s'il baisse de 3^{mm}. Arrivé au centre, la baisse serait de $4^{mm},5$. On conçoit que ces nombres ne puissent représenter que des valeurs moyennes, qui cependant offrent un certain degré d'intérêt en raison de l'appréciation qu'ils permettent de porter sur la distance à laquelle on se trouve du centre de la dépression.

Outre le mouvement giratoire que nous venons d'examiner, les cyclones en possèdent un second ; c'est un mouvement de translation qui les fait déplacer d'une manière assez constante. On a remarqué, en effet, que les ouragans nés dans les contrées tropicales suivaient une trajectoire qui, après les avoir entraînés dans l'ouest, les ramène par l'est en les faisant passer par les pôles.

La rapidité de ce mouvement de translation varie, on le conçoit, d'une façon considérable ; en moyenne elle atteint 3o à 4o kilomètres à l'heure, mais on a observé des vitesses supérieures à 6o et même 8o kilomètres à l'heure. Une conséquence de ce déplacement des tourbillons, c'est que les vents sont plus forts dans le demi cercle où la vitesse de rotation s'ajoute à la vitesse de translation que dans la partie opposée où les deux vitesses, de sens contraire, tendent à se détruire. Il résulte de là que le tourbillon a un bord *dangereux* et un bord *maniable*, comme disent les marins ; pour notre hémisphère le bord maniable est à gauche de la trajectoire et le bord dangereux à droite.

La connaissance de cette particularité a permis d'établir à l'usage des marins des règles pour échapper aux cyclones, qui sont déjà beaucoup moins redoutés des navigateurs : en effet, quelques-uns n'ont pas hésité, pour abréger certaines traversées, à les utiliser en les « *enfourchant* » d'après l'expression consacrée.

Nous avons signalé la curieuse remarque du météorologiste allemand, Dove, qui est connue sous son nom ; elle est relative à la rotation du vent. Il avait signalé que, dans nos régions, le vent tourne avec le soleil, c'est-à-dire qu'il passe de l'est à l'ouest, par le sud. Cette loi se vérifie dans nos contrées, mais il n'en est plus de même sous les latitudes polaires où l'on remarque, au contraire, une rotation en sens contraire ; ces observations se plient facilement à la théorie générale des ouragans que nous venons d'indiquer et peuvent dans certains cas fournir des indices précieux à un observateur isolé.

II. — *Théorie des gradients.*

Nous croyons utile de signaler qu'il existe encore une relation entre la vitesse du vent et la pression barométrique ; on peut dire, d'une manière générale, que la vitesse du vent est en raison des hauteurs barométriques et qu'elle varie suivant le rapprochement des *isobares*.

Pour bien saisir ce qui précède, il est bon de rappeler que les liquides et les gaz ne se meuvent qu'en vertu d'une différence de pression : l'eau d'un fleuve ne s'écoule que parce qu'il y a une pression s'exerçant de l'amont vers l'aval, pression résultant de la *pente*.

Or, les cartes météorologiques indiquent que les pressions atmosphériquee subissent des maxima et des minima ; par conséquent, il s'établit des pentes qui doivent porter l'air des pressions fortes vers les pressions faibles avec une vitesse dépendant de l'écart des pressions.

Cette différence constitue la *pente atmosphérique* qu'on est convenu d'appeler *gradient* barométrique. On conçoit que, dans ces conditions, le *gradient* soit toujours perpendiculaire aux *isobares*.

Les *gradients* adoptés en Europe sont exprimés en millimètres de différence pour un degré ; ainsi, lorsqu'on dit qu'à une époque fixée, le gradient entre Brest et Nantes est de 2,4 par vent d'ouest, cela veut dire que les isobares sont dis-

posés de l'ouest à l'est et que le baromètre est
plus élevé à Brest qu'à Nantes de 2^{mm},4 par degré.

On voit l'intérêt que peut offrir l'étude des
gradients. Pendant les fortes tempêtes que subissent nos côtes, on ne remarque généralement pas
de *gradient* plus élevé que 4,00. Le *gradient*
de 2,4 dont nous nous sommes ser vis indique déjà
un gros temps et un vent violent.

Nous verrons plus loin que lorsque le baromètre
baisse, c'est un signe de perturbation atmosphérique dépendant de la quantité dont la colonne mercurielle est descendue. On doit cependant remarquer
que si les gradients restent faibles, c'est-à-dire si
la pression diminue sur une grande étendue du
pays, les vents ne sont pas violents.

III. — *Centres de pression.*

Les orages accompagnent les dépressions du baromètre ; ils suivent en général le mouvement de
translation des bourrasques; on en a signalé, cependant, qui, nés à un endroit, se sont épuisés sur
place.

Les relations entre les bourrasques et les divers
éléments de la météorologie étant établies ainsi que
nous venons de le démontrer, on en déduit un enseignement fécond au point de vue de la prévision
du temps.

Les probabilités se basent sur l'estimation de la
position du cyclone, c'est-à-dire sur la connais-

sance de la direction de la bourrasque et sur la vitesse de son mouvement de translation.

La vitesse, nous l'avons vu, est essentiellement variable puisqu'elle peut atteindre une rapidité de 80 kilomètres à l'heure qui, dans certains cas, peut se doubler et même se décupler; sa direction s'apprécie d'après les principes suivants : On sait, d'une manière générale, que les bourrasques se dirigent vers la région où l'on remarque une dépression, vers la région où la pluie tombe, vers la région où les vents sont les moins violents. Ces conditions se trouvent assez rarement réunies, aussi le problème de la prévision du temps est-il encore assez peu avancé, malgré les nombreux travaux et les remarquables découvertes des savants qui lui ont consacré leur talent.

On se formerait une idée fausse de la marche des cyclones si l'on s'imaginait qu'ils se déplacent régulièrement dans des routes invariables et tracées d'avance.

Il n'y a qu'entre les tropiques que ces mouvements soient à peu près réguliers; sous nos latitudes, les routes suivies par les dépressions sont variables et irrégulières; les mouvements sont incessants et variés à l'infini.

La prédiction des tempêtes se réduirait à peu de chose si l'on pouvait connaître d'avance le déplacement du cyclone; malheureusement, il n'en est rien, et le problème se complique d'un grand nombre d'incertitudes.

Nous nous sommes particulièrement occupés des centres de *basse pression*; mais on remarque également, dans certains cas, des points où le baromètre est le plus élevé, et autour duquel les isobares vont en diminuant de hauteur. En d'autres termes, si nous assimilons les cyclones à une sorte d'enton-noir, le phénomène qui nous occupe et qui a reçu le nom d'*anticyclone* représentera la forme d'un cône. Les courbes qui se répartissent autour de ce maximum de pression sont généralement assez espacées, ce qui fait que les vents sont faibles. On doit remarquer que les anticyclones se meuvent dans un sens opposé au mouvement des cyclones, c'est-à-dire, pour notre hémisphère, dans le sens des aiguilles d'une montre.

IV. — *Importance des vents supérieurs.*

L'étude des vents supérieurs rentre suffisamment dans l'étude des observations générales pour que nous indiquions rapidement ici la théorie que leur observation a fait naître.

MM. Clément Ley, Hildebrand Hildebrand-son, Poëy ont été conduits, par de longues séries d'observations recueillies en Suède, en Angleterre, en Amérique, à établir les bases d'une nouvelle branche de prévisions.

Ces savants ont montré que les courants supé-rieurs se trouvent en relation avec la distribution de la pression et la marche des vents dans les couches inférieures de l'atmosphère ; qu'ils font partie des systèmes de cyclones et d'anticyclones qui nous at-teignent ; qu'ils constituent enfin en quelque sorte la partie supérieure de ces systèmes.

Le point le plus digne d'intérêt, c'est que ces courants supérieurs devanceraient les parties inférieures des tourbillons.

On voit tout de suite l'intérêt d'une semblable remarque au point de vue de la prévision du temps. Aussi, doit-on insister particulièrement pour que les observations suivies soient faites dans cette voie.

Le Comité international de météorologie de 1882 a désigné une Commission à l'effet d'établir des instructions pour l'étude des cirrus. Cette Commission était composée de MM. de Brito, Capello, Clément Ley et Hildebrandson. Il est permis d'espérer que dans un avenir assez proche, si ces théories trouvent une vérification, tout un système d'observation établi sur ces bases sera organisé et fonctionnera aussi régulièrement que celui des avis électriques.

V. — *Étude des dépressions secondaires.*

Il y a quelque temps la météorologie a reçu une nouvelle impulsion résultant des études faites sur les dépressions secondaires.

En effet, on comprend qu'il y a un intérêt général à l'étude des grandes lois des cyclones, que nous avons étudiées plus haut; mais on conçoit également que l'étude des perturbations locales puisse rendre de sérieux services.

Si on applique à cette nouvelle étude le même principe qu'aux observations européennes du réseau télégraphique, on pourra arriver, suivant quelques savants, à obtenir une prévision locale rapide et sûre des changements du temps.

On peut remarquer, en effet, qu'au point de vue des prévisions, un grand nombre de stations secondaires envoient dans les bureaux centraux une masse d'observations qui servent de base à la détermination du climat. C'est de l'utilisation immédiate de ces documents qu'on espère tirer les indications suffisantes à l'établissement d'un service de prévision agricole.

M. Klein (1) a bien résumé les avantages de cette méthode.

« On ne serait pas fondé cependant, dit-il, à reprocher aux instituts météorologiques centraux de ne pas faire servir les innombrables données qu'ils entassent dans leurs archives et dont ils déduisent des valeurs moyennes, à la confection d'annonces de beau ou de mauvais temps adressées aux agriculteurs. Ces chiffres ont été rassemblés dans un but foncièrement différent ; si l'on se place au point de vue de l'agriculture, il faut réunir des données d'une tout autre nature. Elles doivent se rapporter, à mon avis, à l'apparition, à l'aspect et à la marche des nuages transportés par les courants atmosphériques supérieurs, c'est-à-dire des cirrus et des cirrostratus (*Polarbanden*). Ces nuages environnent, comme d'immenses banderoles, les dépressions et les pluies qui s'avancent ; si l'on réussit, et il y a des raisons sérieuses pour l'espérer, à tirer des mouvements et de l'apparition des cirrus des conclusions au sujet des dépressions accompagnées de tempêtes et de pluies, on aura fait faire à la météorologie pratique un grand pas. Les obser-

(1) Klein, *Ciel et Terre*.

vations barométriques nous signalent, sans aucun doute, la présence de ces dépressions ; mais la variation de la pression dans le court laps de temps dont on dispose généralement pour confectionner les annonces concernant le temps, ne constituent qu'une indication vague et parfois, dans des circonstances importantes, nulle pour juger de la direction prise par ces dépressions. C'est surtout lorsque les météores parcourent des trajectoires anormales que la météorologie est sans ressource aucune, malgré les indications du baromètre. Si les cirrus qui environnent les dépressions venaient à fournir des indications sur les mouvements des tourbillons, il faudrait procéder à l'observation de ces nuages avec plus de soin qu'auparavant, et en un plus grand nombre de stations.

Des pluies remarquables ont accompagné une dépression insignifiante dépendant d'une autre plus considérable qui couvrait la Baltique. Ce fait peut donner un exemple nouveau de l'importance de ces recherches.

Voici ce qu'écrivait, à ce sujet, un observateur russe, M. Soimonow :

« Le 11, à 6 heures du soir, commença un orage qui dura 16 heures, c'est-à-dire jusqu'au lendemain à dix heures du matin ; le tonnerre et les éclairs furent continuels pendant tout ce temps. La quantité d'eau recueillie ici pendant le mois de juillet 1882 est le quart de la quantité annuelle moyenne. »

Nous savons que la marche générale des tempêtes se vérifie assez constamment ; ainsi, on n'a jamais vu un cyclone se former en France et ravager l'Amérique, c'est toujours le contraire qui a lieu.

Il en est de même sur l'hémisphère sud, les cyclones qui dévastent notre colonie de l'île de la Réunion se sont déjà fait sentir sur l'île Maurice ou ont passé en vue de cette île. Jamais aucun cyclone n'a parcouru de chemin inverse.

La connaissance de cette heureuse particularité a fait naître immédiatement l'idée du système de prévision actuellement en usage.

Nous ne voulons pas aller plus avant sans rappeler que la première idée de ces annonces des tempêtes revient au commandant Bridet, de l'île de la Réunion.

M. Bridet n'ayant pu obtenir un câble électrique entre Maurice et la Réunion, M. Adam, de Maurice, a entrepris d'établir entre les deux îles tout un système de télégraphie optique.

VI. — *Statistique de la prévision du temps.*

Nous avons vu dans quelles limites la prévision du temps à courte échéance était acceptable; elle est basée sur l'étude des bourrasques et de leurs signes précurseurs. La science ne leur accorde que le titre de *probabilités*. En effet, ces prédictions ne sont établies sur aucunes lois fixes et les variations du temps sont plutôt signalées que véritablement prédites.

Quoi qu'il en soit, l'importance des résultats acquis est de nature à donner le plus grand espoir dans l'application des moyens employés. En somme, M. Mascart, d'après le contrôle des probabilités qui est fait avec le plus grand soin, les avertissements maritimes, portant principalement sur la force et la direction du vent, ont réussi 83 fois sur 100; les avertissements agricoles suivent de près la proportion précédente en donnant 78 réussites sur 100 pour les prédictions plus complexes de probabilité de pluie, de beau temps.

Ces proportions, déjà très fortes, s'augmentent tous les jours avec les stations nouvelles, l'expérience et les remarques que l'on peut faire permettent d'assurer que si le mode de prévision que nous venons d'indiquer n'est pas *strictement scientifique*, il n'en rend pas moins les services les plus signalés à la marine et à l'agriculture.

Nous empruntons à M. Radau (1) les chiffres suivants, publiés par Scott (2) :

« Malgré les conditions défavorables où se trouve encore placé le *Meteorological Office* de Londres, le succès des avertissements qu'il expédie aux ports du Royaume-Uni est également satisfaisant comme le prouve le relevé des résultats de l'année 1874 présenté au parlement anglais. Sur 317 avis expédiés en 1874, 144 (soit 45 pour 100) ont été justifiés par des coups de vent fort ou des tempêtes; 104 (33 pour 100) par des coups de vent modérés; 52 (16 pour 100) n'ont pas été justifiés et dans 17 cas seulement (5 fois sur 100) l'avis a été reçu trop tard. On voit que la proportion citée par M. Mascart se retrouve ici et vient brillamment confirmer les résultats du météorologiste français. »

Les prédictions de même nature, émises par la *Deutsche Seewarte* (Établissement allemand

______

(1) Radau, *Météorologie nouvelle*.
(2) Scott, *Cartes du temps et avertissement de tempêtes.*

analogue à notre Bureau central météorologique), pour le lendemain, ont régulièrement pour objet le vent (direction et force), la température et le temps proprement dit (chutes d'eau ou absence de précipitations atmosphériques). Les prévisions se sont réalisées dans la proportion de 78,5 pour 100 en 1877, de 79,7 pour 100 en 1878, de 80 pour 100 en 1879 et en 1880, de 83 pour 100 en 1881. Les différences des résultats mensuels sont petits; les résultats de janvier, de février et de novembre sont moins bons : c'est alors que l'on observe les variations atmosphériques les plus fortes. Ce sont, du reste, des mois peu importants au point de vue de l'agriculture.

Les prévisions météorologiques se sont réalisées, en Suisse, en 1880, dans la proportion de 78 pour 100 ; au Canada, en 1879, dans la proportion de 93,6 pour 100.

Ces chiffres donnent une idée exacte de la précision des observations modernes et de l'excellence de la méthode employée.

VII. — *Les prévisions du New-York Herald.*

Nous n'avons parlé jusqu'ici que des prédictions à courte échéance, prédictions qui dépendent de l'état de l'atmosphère sur des espaces assez limités, si on les compare à l'étendue du globe. Il pourrait être nécessaire de pouvoir déterminer à huit ou dix jours d'avance les prévisions des changements de l'atmosphère.

Dans ce but, une tentative bien connue a été tentée par le journal américain *The New-York Herald*. Les avertissements donnés par ce journal sont basé sur la connaissance du mouvement de translation des dépressions : on conçoit, d'après ce que nous avons dit plus haut, que les tempêtes passant sur le continent américain atteignent nos côtes après avoir traversé l'Atlantique ; or, si d'Amérique on nous avise qu'un ouragan est signalé, nous pouvons, d'après les données relatives à sa vitesse et à son caractère, déterminer le moment où il se fera sentir sur nos rivages.

Malheureusement, l'espace qui sépare l'Amérique de l'Europe est trop considérable et, pendant les quelques jours que le cyclone met à le parcourir, les tempêtes subissent d'importants changements et disparaissent souvent avant de traverser nos régions, de telle sorte qu'une tempête signalée ne se produit pas ; d'autre part, des ouragans prennent parfois naissance au milieu de l'Atlantique et ne peuvent être indiqués. La réunion de ces deux faits donne une incertitude regrettable aux dépêches du *New-York Herald*.

Le degré de probabilité diminue considérablement, si on le compare à celui que nous avons donné plus haut, 80 pour 100. En effet, M. Loomis, en discutant les documents contenus dans l'Atlas des mouvements généraux de l'atmosphère, publié par l'Observatoire de Paris et les Cartes de M. Hoffmeyer, conclut que lorsqu'une dépression quitte les États-Unis, la probabilité qu'elle atteigne les côtes d'Angleterre est représentée par 1/9 ; la probabilité qu'elle cause une tempête sur les rivages anglais est de 1/6; et la probabilité d'une fraîche brise 1/2.

M. Hoffmeyer a déterminé, d'autre part, le degré de probabilité qu'une tempête, partie d'Amérique, peut avoir de se faire sentir sur nos côtes. Il a constaté que 19 tempêtes sur 34 (56 pour 100) atteignent l'Europe, et, sur ces 19 tempêtes, 10 seulement produisent des bourrasques sur nos côtes (soit 29 pour 100 seulement).

Pour terminer cette intéressante statistique, ajoutons qu'on a remarqué que toutes les tempêtes qui soufflent sur notre continent ne viennent pas d'Amérique; leur origine est à peu près la suivante sur une nombre total de 100 dépressions :

12 viennent des régions arctiques de l'Amérique;
47   —   de l'Amérique du Nord et du Canada;
 5   —   des régions tropicales;
33 sont des minima partiels ou secondaires formés en plein
       Océan par segmentation des dépressions principales;
 3 se forment spontanément sur l'Océan.

On peut conclure de là que les avertissements venus d'Amérique ne se vérifient qu'une fois sur deux et qu'en tous cas à peine la moitié de ces tempêtes peut être prévue par cette voie.

On voit combien le système de prévision basé sur ces avertissements laisse d'incertitude, bien qu'il jouisse dans le public d'une certaine considération; les savants sont loin de lui accorder la même importance; en effet, les termes vagues qui servent à rédiger les dépêches leur enlèvent tout caractère scientifique. Nous empruntons à M. Vincent (1) les réflexions suivantes, aussi curieuses qu'instructives :

(1) Vincent, *Ciel et Terre.*

Ce qui fait en effet l'importance des dépêches américaines pour les personnes qui les vantent si témérairement, c'est l'annonce qu'elles contiennent des orages, des pluies et surtout des tempêtes. Il semblerait qu'aucune tempête ne nous fasse sentir ses atteintes sans que le bureau météorologique du *New-York Herald* ne nous en ait prévenus, et que, lorsque cette agence providentielle est muette, l'atmosphère soit calme. Plaçons-nous à ce point de vue, et voyons ce que nous enseigne la statistique.

Nous avons examiné les observations de Bruxelles de l'année 1879 et les dépêches du *New-York Herald* de la même année. Nous avons dressé le tableau des journées de 1879 où le vent a dépassé 10 mètres à la seconde (1). 40 journées ont été dans ce cas. Parmi ces 40 journées, il y en a 26, plus de la moitié, auxquelles ne se rapporte aucune annonce du journal américain. Il y a des annonces de tempêtes, de bourrasques, etc., pour les 14 autres journées; on pourrait en conclure qu'il y a là un certain service de rendu; prévoir et annoncer à temps 14 tempêtes sur 40, n'est-ce rien? Non, ce n'est rien, lorsque le nombre des jours pour lesquels on a annoncé des tempêtes est de 146 pour toute l'année (2), comme c'est le cas pour 1879. Il n'est pas étonnant qu'en lançant des avertissements pour 146 jours sur 365, c'est-à-dire pour 2 jours sur 5, on arrive à pronostiquer le 1/3 des tempêtes qui se sont déclarées.

(1) Les météorologistes appellent *vents forts* ceux qui ont une vitesse de 11 à 17 m. à la seconde; *tempête*, un mouvement de l'air de 17 à 28 m. à la seconde; *ouragan*, une vitesse qui dépasse 28 m. Ici nous avons considéré comme *vents forts* ceux qui ont une vitesse supérieure à 10 m.

(2) Chaque dépêche désigne ordinairement une période de trois jours comme devant voir se déclarer une tempête. On n'annonce qu'une seule tempête, mais on a évidemment, en désignant trois jours pour l'arrivée, trois fois plus de chance d'annoncer celles qui se produisent que si on ne désignait qu'un seul jour.

Ce n'est pas assez de déployer tant de vigilance pour les marins ; il ne faut pas rendre les agriculteurs jaloux. Aussi le *New-York Herald* annonce-t-il les orages. Ici, le résultat est encore bien plus beau. Il y a eu à Bruxelles, en 1879, 17 jours de tonnerre. Le *New-York Herald* a annoncé des orages pour 75 jours, et il a réussi trois fois ! Le dernier jour de tonnerre, en 1879, a été le 18 août ; le 6 septembre, il y a encore eu des éclairs sans tonnerre ; et le *New-York Herald* a bravement poursuivi jusqu'au 13 décembre ses annonces d'orages !

Il y a fort rarement, dans les dépêches, quelques mots qui se rapportent à la température. Là encore, résultat négatif. Dans la dépêche lancée le 27 décembre 1879, on annonce pour clôturer dignement l'année par un coup hardi, que *les trois premiers jours de janvier 1880 seront très froids.* Des jours très froids en janvier, nous savons ce que cela veut dire. Or, les trois premiers jours de janvier 1880, il n'a pas gelé ; le thermomètre a atteint les maxima 10° 1, 9° 0, 7° 3, et ces trois jours sont les plus chauds du mois !

Nous croyons ne pas devoir poursuivre cet examen. Les résultats que nous venons d'exposer n'ont rien qui doive étonner. Toutes les dépressions qui quittent l'Amérique n'arrivent pas en Europe, il s'en faut ; et, de plus, celles qui nous atteignent prennent souvent naissance sur l'Atlantique. Enfin les dépressions se modifient constamment pendant leurs voyages. Leur étendue, leur vitesse de déplacement, la force du vent, tous les caractères, en un mot, y varient sans aucune loi connue jusqu'ici. Comment donc des annonces comme celles du *New-York Herald* pourraient-elles se vérifier toujours ? Les météorologistes les plus savants des pays occidentaux de l'Europe ne peuvent, lorsque les dépressions atteignent déjà nos côtes, que formuler des probabilités au sujet de l'influence qu'elles exerceront sur le temps dans nos contrées, et l'on croirait qu'il soit possible d'obtenir des résultats beaucoup plus certains, de lancer des prédictions infaillibles, en considérant ces mêmes dépressions, lorsqu'elles sont encore en Amérique, séparées de nous par toute l'étendue de l'Atlantique !

VIII. — *Divers modes de prédiction du temps à courte échéance.*

Nous croyons devoir ajouter à ce qui précède les éléments d'une prévision à longue échéance basée sur des observations fort curieuses.

Malheureusement, les indications que nous possédons sont trop insuffisantes encore pour qu'il soit permis d'en tirer un bénéfice immédiat.

Jusqu'ici, les tentatives faites pour prédire le caractère des saisons futures sont restées dans le domaine de l'empirisme.

Il est bon cependant de connaître les études suivantes qui se recommandent par le côté sérieux de leurs bases scientifiques.

Le premier cas est cité par M. de Gasparin (1). Dès 1829, M. Hubert-Burnaud prédisait un hiver rigoureux pour 1830. Cette prédiction s'étant vérifiée, voici comment l'auteur expliqua les raisons qui l'avaient amené à cette prévision hardie.

« Ce n'était pas une prophétie, dit M. Hubert, mais un calcul très simple. Les vents du sud et sud-ouest ayant régné pendant six mois, je devais supposer que les vents du nord auraient leur tour. En second lieu, le soleil ayant été caché presque continuellement pendant

(1) De Gasparin, *Cours d'agriculture*, 3e édition, Paris, 1863.

les mois de juillet à octobre, il était naturel de penser que la terre serait refroidie à sa surface plus qu'elle ne l'est ordinairement. Cette circonstance, jointe à la présence des vents du nord, devait rendre l'hiver très froid. Enfin, l'automne ayant été extraordinairement pluvieux, l'hiver, selon toutes les apparences, devait être sec. Lorsque toutes ces circonstances ne sont que partielles, on n'en peut rien conclure; mais leur généralité dans toute l'Europe devait produire des effets simples, parce qu'à d'immenses distances il n'y avait aucune cause perturbatrice. »

Des recherches semblables ne peuvent qu'être parfaitement accueillies et doivent même être encouragées, car elles amèneront peut-être quelque savant à formuler un jour une loi générale dans le rapport des saisons.

Un météorologiste des plus respectables, M. de Tastes, a cru pouvoir émettre la théorie suivante dont l'étude offre un réel intérêt.

Un courant aérien, qui est à l'air de notre hémisphère ce que le gulfstream est à l'Atlantique, constitue une sorte de fleuve d'air tiède et humide qui, reposant sur ce courant marin, suit à peu près la même direction que lui, aborde les côtes de la presqu'île scandinave, franchit la barrière peu élevée des Dofrines, s'infléchit vers l'est et le sud-est à travers l'Europe septentrionale, où il condense, sous forme de neige ou de pluie, l'humidité dont il est chargé. Après avoir alimenté les nombreux réservoirs d'eau douce de la Suède, de la Finlande et du nord-ouest de la Russie, il poursuit sa route vers le sud à travers les vastes espaces continentaux de l'Europe orientale. Dépouillé de son humidité, s'écartant de plus en plus de son point de saturation, à mesure qu'il parvient à des latitudes plus basses, il imprime aux contrées qu'il traverse, sous forme de vent sec, d'entre nord-ouest et nord-est, leurs principaux caractères météorologiques. Ce courant, dont nous perdons la trace dans les régions de l'Afrique tropicale, vient se relier probablement à l'alizé nord-est, que nous voyons reparaître sur les côtes orientales de ce continent.

Les divers changements dans la direction de ce courant produiraient des variations essentielles dans le caractère de nos saisons, et on pourrait ainsi, par l'étude de sa marche, arriver à prévoir assez longtemps à l'avance les variations futures du temps.

Nous sommes obligés, à notre grand regret, de n'indiquer que succinctement cette hypothèse qui, du reste, explique très bien la naissance des cyclones, dont l'observation est si utile aujourd'hui.

M. de Tastes, à l'aide de ses observations, est parvenu à prédire à plusieurs reprises le caractère d'une saison encore éloignée.

Ces résultats, trop incomplets encore, prouvent cependant qu'on doit tenir grand compte des études faites dans cette voie.

CHAPITRE XI

PRÉVISIONS DU TEMPS LOCAL

I. — *Diverses prédictions du temps local.*

Nous venons d'indiquer les deux sortes d'avertissements basés sur des observations météorologiques au point de vue de la prévision générale du temps.

Si nous considérons la prédiction locale des variations du temps à courte échéance, qui a un intérêt capital dans une multitude de cas, nous pouvons tirer des pronostics de chacun des instruments de physique employés en météorologie. Les plus connus sont ceux qui nous sont donnés par le baromètre, par le thermomètre et l'hygromètre.

Il convient, avant d'aller plus avant, d'établir d'une manière absolue la différence qui existe entre les prédictions de toutes natures que l'on peut faire au sujet du temps ; elles se divisent en cinq classes bien distinctes.

Prédictions scientifiques.

1° La prévision télégraphique que nous avons étudiée dans les pages précédentes, qui est, comme on l'a vu, d'une assez grande exactitude et qui gagne chaque jour en précision.

2° La prédiction locale basée sur les indications des instruments, moins exacte que la précédente, mais suffisante dans un grand nombre de cas.

Prédictions coutumières.

3° Les prédictions à longue échéance, établies sur le principe des marées atmosphériques ou sur l'influence des astres, ne donnent aucune indication et ne reposent sur aucune base scientifique acceptable;

4° Les prédictions tirées de certains signes qui précèdent les diverses variations atmosphériques qui peuvent, dans une mesure restreinte, donner des indications curieuses, mais dont on doit contrôler la véracité avant de les utiliser.

5° Enfin les prédictions dérivant des dictons et des proverbes dont la majorité ne se vérifie pas et que l'on doit, après s'être convaincu de leur inanité, tenter d'arracher de l'esprit des gens de la campagne.

On conçoit que la deuxième classe de prédictions météorologiques soit la plus intéressante pour nous; en effet, le premier système ne peut être appliqué que par des associations internationales, et nous ne pouvons que leur emprunter quelques résultats sans tirer nous-mêmes aucune conclusion des observations que nous pouvons faire.

Dans le second cas, au contraire, l'observateur a tout le mérite de sa prédiction; il peut contrôler les avis qu'il reçoit et tirer des annonces officielles de nouvelles prévisions modifiées par les conditions locales dans lesquelles il est placé.

Il y a donc intérêt à développer cette partie de nos recherches; malheureusement cette branche des observations météorologiques laisse encore à désirer.

L'instrument dont les indications sont le plus précieuses, à cet égard, est le baromètre; il peut nous annoncer, d'une manière presque certaine, es variations brusques qui s'opèrent dans l'atmosphère.

Les observations du thermomètre viennent appuyer les précédentes et leur communiquent un haut degré de précision.

D'autres appareils, dont nous allons étudier les pronostics, viennent s'ajouter au baromètre et permettent de jeter quelques lois pour la prévision du temps à brève échéance.

Il est bon de distinguer dans les remarques qui vont suivre, que, suivant la situation des intéressés, la nature des prévisions devra plus spécialement porter sur les probabilités de pluie ou de beau temps que sur celles du vent.

En effet, les citadins et les agriculteurs demandent aux prédictions météorologiques l'annonce des variations de la température ou de l'humidité; tandis que, pour le marin, ce sont des questions secondaires; il ne demande qu'à connaître les pronostics des changements de vents, ainsi que l'annonce des tempêtes.

De là, deux sortes de prédictions : Les marins trouveront dans les ouvrages de Dove, de Fitz-Roy, de Marie Davy, de Brault, des indications précieuses dont le sens et les expressions répondent parfaitement à leurs besoins; je ne m'occuperai donc spécialement que des prévisions qui intéressent plus particulièrement les citadins et les agriculteurs.

II. — *Indications tirées du baromètre.*

Les baromètres que l'on consulte, généralement les baromètres à cadran, portent des indications correspondant à certains degrés de l'échelle du baromètre à mercure. Ces indications, qui ont reçu dans le public une vogue considérable, sont établies de la façon suivante :

731 millimètres........		Tempête.
740 —	....	Grande pluie.
749 —	....	Pluie ou vent.
758 —	....	Variable.
767 —	....	Beau temps.
776 —	....	Beau fixe.
785 —	....	Très sec.

Il semblerait, d'après cette concordance, que la prédiction de la pluie ou du beau temps fût la chose la plus aisée du monde ; il n'en est rien, le baromètre n'indique ni la pluie ni le beau temps.

Peu de temps après la découverte de cet instrument, on s'aperçut qu'il montait lorsqu'il faisait beau temps et descendait quand il pleuvait ; mais, en réalité, le baromètre ne nous indique que les variations de la pression atmosphérique ; cependant, ces variations sont intimement liées avec les changements de vents. Or, on sait que le vent a une influence considérable sur l'état du temps, on conçoit donc que, dans une certaine mesure, la colonne barométrique puisse être un indicateur du temps. Les influences locales, on le comprend, ont la plus grande influence sur les indications du baromètre, par conséquent un de ces appareils parfaitement réglé pour Paris donnera des indications absurdes à Bombay ou à Genève.

Il est bon de remarquer que les valeurs que nous avons indiquées plus haut ne satisfont point aux indications données pour tous les points du globe ; en effet, il faut tenir compte de l'altitude de la station qui diminue la hauteur de la colonne barométrique d'environ 1 millimètre par 10 à 12 mètres. Un baromètre gradué comme ci-dessus, transporté à Genève où la hauteur moyenne du mercure est de 727 millimètres indiquerait donc constamment *Tempête* ou *Grande pluie*, alors que le temps serait le plus calme et le plus serein. Il est donc nécessaire d'étudier un baromètre dont on veut se servir pour prévoir le temps et on ne peut tirer aucune conclusion du fait que l'aiguille indique les points Tempête ou Très sec.

Les agriculteurs et les habitants des villes attachent la plus grande importance à la connaissance des probabilités de pluie ou de neige. Voici, d'après un grand nombre d'observations calculées par le P. Cotte, les résultats indiqués par le baromètre.

Hauteur du baromètre.	Probabilités de pluie.	Probabilités de neige.
728 à 738 millimètres.	0.70	0.22
738 à 742 —	0.58	0.04
742 à 751 —	0.46	0.04
751 à 760 —	0.19	0.01
760 à 769 —	0.08	0.00
769 à 781 —	0.00	0.00

Les mêmes calculs conduisent à la proportion suivante pour 1080 observations.

734 pluies avec un baromètre plus bas que la moyenne.

346 pluies avec un baromètre plus haut.

Cette dernière conclusion prouve qu'il ne suffit pas, pour conclure une probabilité, de consulter le baromètre, mais qu'il est nécessaire de tenir compte de ses indicatious antérieures et de la marche de ses mouvements.

On a souvent tenté de formuler les pronostics précis que l'on peut tirer des variations de la colonne mercurielle au point de vue de la prévision du temps ; cette tentative n'a malheureusement jamais répondu à l'attente des savants. Voici, d'après l'expérience, les résultats que l'on peut conclure de l'observation du baromètre, nous les empruntons en grande partie à la *Loi des Tempêtes* de Dove.

Une remarque générale dont on doit, tout d'abord, tenir compte, c'est que la durée de la variation correspond au temps que la colonne mercurielle a mis à l'indiquer ; en d'autres termes : plus il s'est écoulé de temps entre la chute du baromètre et l'arrivée de la pluie, plus la durée du temps pluvieux sera longue ; l'inverse se vérifie de la même manière.

On sait que les vents ont une influence marquée sur la marche du baromètre. Dans l'hémisphère nord, les vents du sud-ouest correspondent aux minima barométriques ; à mesure que le vent tourne la colonne s'élève et atteint son maximum lorsque le vent est au nord-est.

Le mouvement du thermomètre est, comme nous l'avons vu, toujours de signe opposé à celui du baromètre: c'est par les vents de sud-ouest que la température est la plus élevée. L'hygromètre marche sensiblement avec le thermomètre.

Dans le *Manuel barométrique* qui a été placé près des baromètres publics, en Angleterre, on trouve les indications suivantes :

Le baromètre monte.	*Le baromètre baisse.*
Pour les vents du nord (ou nord-ouest à l'est par le nord).	Pour les vents de sud (de sud-est à l'ouest par le sud).
Et il annonce un temps sec ou moins humide, ou moins de vent ou enfin plus d'un de ces changements.	Pour un temps pluvieux, pour plus de vent, ou pour plus d'un de ces changements.
Sauf un petit nombre de cas exceptionnels, lorsque la pluie (ou la neige) vient du nord avec forte brise.	Sauf un petit nombre de cas, lorsqu'une brise modérée accompagnée de pluie ou de neige vient du nord.
Pour tout changement de vent vers l'une quelconque de ces directions.	Pour tout changement de vent vers la première des directions ci-dessus.
Le thermomètre baisse.	*Le thermomètre monte.*

Si le niveau du mercure est à sa hauteur moyenne (760^{mm} au niveau de la mer) et s'il reste stationnaire ou s'il monte pendant que le temps devient plus froid et l'air plus sec, on doit prévoir des vents de la partie du nord ou une diminution de vent ou de pluie.

Au contraire, si le niveau du mercure baisse pendant que le temps devient plus chaud et l'air plus humide, on doit s'attendre à des vents pluvieux de la partie du sud.

S'il se produisait une exception aux règles ci-dessus ce serait l'indice d'une bourrasque.

Si le temps devenait plus chaud pendant que le baromètre est haut et le vent au nord-est, on doit prévoir une saute de vent au sud.

Si le temps devenait plus froid pendant que le vent est au sud-ouest et le baromètre bas, on devrait s'attendre à une bourrasque du nord-ouest.

On a remarqué que les vents du nord-est amènent souvent de la pluie ou de la neige quand ils soufflent violemment, bien que le baromètre monte.

En hiver, à la suite de vents d'est, si le vent commence à baisser et le thermomètre à monter, on peut prévoir un coup de vent passant du sud-est au sud-ouest pendant que le baromètre continue à baisser. Aussitôt que le vent a dépassé le sud-ouest, le baromètre remonte, de fortes averses de pluie tombent à mesure que le temps s'éclaircit et que l'air devient plus froid, le vent passe au nord.

Si le vent rétrograde du nord-ouest au sud-ouest par l'ouest la continuation du gros temps est à craindre.

Ces indications résultent de l'observation de la loi de rotation des vents indiquée par Dove, que nous avons signalée plus haut.

Lorsque le baromètre monte, par suite d'un changement de vent, le temps devient plus froid; s'il baisse, dans les mêmes conditions, le temps devient plus chaud.

Si la colonne barométrique est haute et reste stationnaire pendant plusieurs jours, le temps sera sec et le vent soufflera probablement d'entre le nord et l'est.

Si le mercure est bas et demeure stationnaire, le temps sera nuageux et humide et le vent soufflera de quelque point entre le sud et l'ouest.

Si le baromètre monte lentement, le temps marchera vers la sécheresse avec un vent faible; il pourra y avoir du calme ou du brouillard.

Si la colonne mercurielle baisse lentement, le temps deviendra incertain, plus humide et on ne pourra compter sur une belle journée.

On peut établir d'une façon générale que lorsque le niveau du mercure reste fixe, il y a peu de danger de tempêtes; mais que s'il varie on doit craindre une brusque variation.

Les hausses ou les baisses subites du baromètre sont aussi redoutables et doivent amener des changements rapides dans l'état de l'atmosphère.

Si, malgré la baisse du mercure, le temps restait sec, il y aurait lieu de craindre une violente tempête et beaucoup de pluie; de même que si la baisse s'accentuait par un mauvais temps soutenu pendant quelques jours, cela présagerait un beau temps continu.

Voilà à peu près le résumé des indications fournies par l'expérience; nous n'hésitons pas à dire cependant que ces règles ne sont pas immuables, qu'elles varient un peu suivant les localités et que, de plus, une longue pratique permettra à chaque observateur d'établir pour son propre compte des remarques du genre de celles qui précèdent.

III. — *Indications tirées de divers instruments.*

Les indications du baromètre reçoivent une vérification utile de celles du thermomètre. M. de Gasparin (1) indique les pronostics suivants dépendant surtout de l'étude des minima thermométriques :

« Le vent partant de la région chaude et humide, la baisse des minima est un signe presque assuré de pluie le jour même ou le jour suivant ; l'air est alors saturé mais clair : il y a chute de rosée ou de brouillard, le matin... La fixité des minima indique la continuation du même temps... Les minima, haussant graduellement, annoncent que l'air devient de moins en moins transparent, qu'il se sature de vapeur et marche vers la pluie. »

On voit donc quel intérêt immédiat l'observation du thermomètre peut rendre dans certains cas sans toutefois présenter la même sûreté que celles du baromètre.

On sait du reste que la colonne thermométrique baisse généralement tandis que celle du baromètre monte, il y a donc là une confirmation intéressante.

Les observations de l'hygromètre donnent aussi quelques renseignements qui peuvent, dans certains cas, ne pas manquer d'intérêt.

Si le baromètre baisse, que la température mi-

(1) De Gasparin, *Cours d'agriculture*, 3° édition, Paris, 1863.

nima s'élève et que l'hygromètre marche vers la saturation de l'air, les probabilités de pluie deviennent presque des certitudes ; tandis que la baisse du baromètre, lorsque le thermomètre est stationnaire et l'hygromètre à la sécheresse, peut très bien être accompagnée de beau temps.

Rappelons, du reste, au sujet de ces deux derniers instruments, que leurs indications sont bien moins précises que celles du baromètre ; en effet, tandis que celui-ci indique la pression moyenne des couches d'air, depuis le sol jusqu'aux limites de l'atmosphère, le thermomètre et l'hygromètre n'indiquent les variations atmosphériques que pour le lieu où ils sont placés : s'il était donné aux météorologistes de posséder des matériaux indiquant la température et l'humidité de l'atmosphère tout entière, le problème de la prévision locale aurait conquis de ce fait un facteur considérable qui tendrait singulièrement à rapprocher ses prévisions d'une certitude relative.

Les instruments que nous possédons pour mesurer l'humidité (psychromètre, hygromètre) ne se trouvent en relation qu'avec une partie fort restreinte de l'atmosphère ; placés sur le sol, ils ne peuvent nous indiquer que des variations à courte portée, presque au moment où elles se produisent. Tout autre est le procédé indiqué en 1872 par Piazzi Smyth, astronome royal d'Ecosse. Il ne tourne plus son instrument vers le sol, mais le dirige vers les immensités du ciel, faisant une analyse rigoureuse des symptômes fâcheux que l'atmosphère cache au plus profond de ses nues.

IV. — *Indications tirées du spectroscope.*

Nous croyons utile d'indiquer un spectroscope ordinaire tel qu'il doit être disposé lors d'une l'observation (fig. 32). La fente se trouve en L, et P indique le prisme de flint ; le tube oculaire est en A et se termine par la lunette qui peut être avancée ou reculée au moyen du bouton K afin de permettre à l'observateur de se mettre au point. Le micromètre est placé à l'extrémité du tube C réglé par les vis B. C. E et se trouve éclairé par une bougie S.

Le prisme est généralement recouvert d'un tambour T muni d'ouvertures correspondant aux trois tubes A. B. C. Les autres lettres M N O M' N' O' servent à indiquer les foyers étudiés.

Depuis longtemps les physiciens avaient eu l'idée de suivre dans le spectroscope les lignes d'absorption de la vapeur d'eau.

Piazzi Smyth est le premier qui ait publié quelques faits intéressants sur ce sujet, et appelé l'attention des astronomes sur ce genre d'observations.

Ces lignes d'absorption sont faciles à distinguer des autres raies du spectre solaire par leur inconstance, leur intensité variable suivant la saison, l'heure et l'état général de l'atmosphère.

Ces bandes reconnues et étudiées, furent bientôt soumises à des lois simples qui constituèrent les principes des observations modernes de l'humidité.

Les lignes aqueuses du spectre se rencontrent principalement dans le jaune, le rouge et l'orangé; on les voit cependant dans toutes les parties du spectre, mais elles sont plus ou moins faciles à suivre. Le groupe de bande généralement choisi

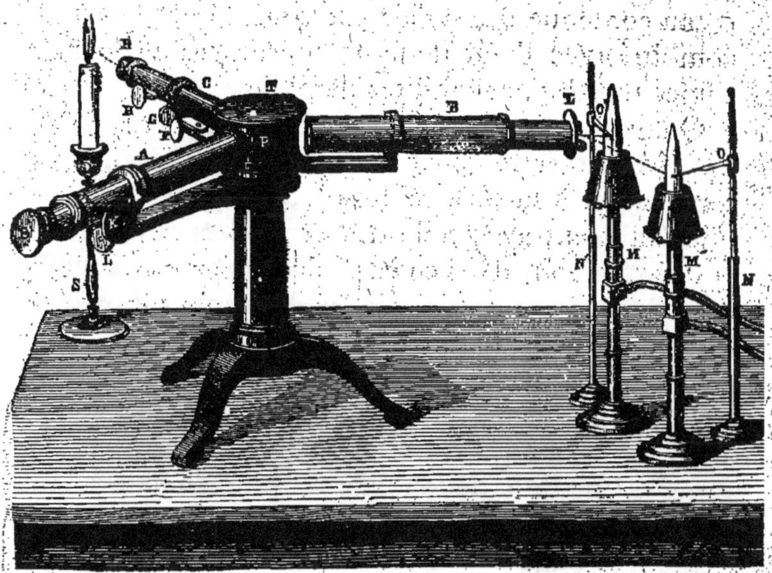

Fig. 32. — Spectroscope de Kirchhoff et Bunsen.

(parce qu'il est le plus commode à observer) est situé près de la double raie du Sodium (raie D.) du côté du rouge et est connue sous le nom de (rainband) raie de pluie.

Il a été prouvé que ces raies variaient avec l'absorption de la vapeur d'eau, elles peuvent donc servir à nous renseigner sur l'état hygrométrique de l'air.

L'observation consiste à estimer l'intensité de la ligne de pluie pour obtenir une indication utile sur l'état des couches supérieures.

Lorsque, dans le spectroscope, la raie de pluie (D) se montre plus large qu'à l'ordinaire, c'est un signe évident que la quantité de vapeur d'eau contenue dans l'air est considérable, ce qui, combiné avec l'état de la température, permet de conjecturer les probabilités de pluie.

Quant à l'observation de la température, on en est réduit à accepter celle que nous donnent les instruments à la surface du sol, qui peut varier considérablement avec celle des couches supérieures.

Il serait bon, dans ce cas, d'accepter une valeur particulière et empirique de la température ainsi que nous allons l'expliquer dans la suite.

Tout d'abord, pour bien reconnaître la raie de pluie, on tourne le spectroscope vers le soleil ; la raie D paraît très nette et un peu d'habitude permet même de la dédoubler ; on retourne alors l'instrument à 90° du soleil, la raie perd sa netteté du côté du rouge et semble un trait à demi effacé (1).

L'observation doit être faite le matin, dans une région aussi éloignée que possible du soleil et des nuages.

L'estimation de l'intensité de la raie de pluie constitue une véritable étude.

Deux méthodes existent pour l'apprécier :

M. C. Peny (2) indique le procédé suivant :

---

(1) *Ciel et terre.*

(2) Un instrument puissant montre dans cette raie des centaines de raies fines groupées ensemble (C. Peny).

Quant à la manière de juger l'intensité de la raie, quelques expérimentateurs conseillent de la comparer aux raies qui sont vues sous une largeur constante, c'est-à-dire, aux raies E F, ainsi qu'à celle qui est comprise entre elles. Comme elles diffèrent toutes trois, ces termes de comparaison sont suffisants.

La raie de pluie qui est parfois plus faible que E dépasse F quand elle a atteint son maximum d'intensité.

L'estimation de ces raies laisse cependant beaucoup à l'initiative de l'observateur.

On peut cependant dire que si la raie en D est plus marquée que la raie F., on doit s'attendre à de la pluie sous bref délai ; si au contraire elle est plus faible que la raie entre E et F, c'est un signe probable que la pluie n'arrivera pas avant douze heures.

Tout ceci est sujet aux erreurs inhérentes à des causes perturbatrices violentes et rapides.

Un changement brusque de température, l'interposition de brouillards et de fumées peuvent modifier les observations et entraîner des erreurs dans les pronostics ; mais, ce sont des cas exceptionnels avec lesquels on se familiarise rapidement.

Nous empruntons à M. C. Peny (1), capitaine d'état-major belge, la table suivante qui résume les probabilités que l'on peut tirer des observations spectroscopiques.

Les indications qui y sont contenues ne sont,

---

(1) Peny, *La borne gnomo-météorologique de l'École militaire* (*Ciel et Terre*).

à vrai dire, déterminées que pour le lieu où elles ont été obtenues expérimentalement, mais elles peuvent être employées presque partout à quelques petites différences près, que l'on reconnaîtra facilement à l'étude.

Si nous appelons i la petite raie intermédiaire entre E et F nous obtenons les appréciations suivantes :

Intensité de la raie D.	Température.	Probabilités.
$< i.$	au-dessous de 5°.	Neige possible.
	au-dessus de 5°.	Pas de pluie.
$= i.$	au-dessous de 5°.	Pluie.
	entre 5° et 7,5.	Pluie probable.
	de 7°,5 à 10°.	Pluie non probable.
	au-dessus de 10°.	Pas de pluie.
$> i$ mais $< F$ les raies dans la partie verte distinctes.	au-dessous de 7°,5.	Pluie non probable.
	au-dessus de 7°,5.	Pas de pluie.
$> i$ mais $< F$ les raies dans le vert non distinctes.	au-dessous de 10°.	Pluie probable.
	au-dessus de 10°.	Pluie non probable.
$= F.$	Température	Pluie.
$< F.$	quelconque.	Grande pluie.

Le procédé proposé par M. W. Upton (1) se

(1) *The Use of the Spectroscope on meteorological observations* publiée dans *Mémoires della Societa degli Spettroscoposti ita-liani raccolte e pubblicate per cura* del prof. P. Tacchini.— Nous sommes heureux de pouvoir à ce sujet dire tout le bien que nous pensons de cette Revue que M. Tacchini dirige d'une façon remarquable et qui contient, outre ses intéressantes observations des taches du soleil, des mémoires curieux sur les questions d'astronomie physique et sur tous les sujets de spectroscopie.

rapprocherait plus des méthodes expérimentales des astronomes.

Voici comment il opère :

Il dirige son spectroscope sur le ciel près de l'horizon et l'ntensité de la bande est évaluée sur une échelle mentale qu'il divise en cinq parties.

Le spectroscope est alors pointé sur le ciel à 45° d'altitude et une estimation semblable est faite.

On prend la somme des deux lectures comme valeur de l'observation.

La lecture à 45° est presque aussi importante que celle de l'horizon.

Lorsque la bande décroît peu, lorsque le spectroscope est élevé vers le zénith, il y a de fortes présomptions pour qu'une masse inaccoutumée de vapeur d'eau soit répandue dans les couches supérieures de l'atmosphère.

Quel que soit le mode d'emploi du spectroscope et la méthode d'estimation, les conclusions que l'on peut tirer des observations sont les suivantes que nous empruntons à J. Rand Capron, F.R.A.S (1).

« La bande de pluie indique un excès d'humidité souvent inappréciable dans l'air; le maximum d'intensité de cette bande annonce l'approche de la pluie quel que soit l'aspect du ciel.

« Une bande d'intensité modérée n'indique pas toujours la pluie en hiver tandis qu'elle l'accompagne en été.

« Lorsque l'intensité de la bande, d'abord faible, s'accentue progressivement, c'est un indice d'une pluie souvent abondante.

(1) Symon's, *Meteorological magazine.*

Les observations spectroscopiques dirigées dans ce but sont spécialement intéressantes, car elles nous permettent de pénétrer dans ces régions qui sont souvent le siège de perturbations atmosphériques remarquables et dont la présence est démontrée par les indications des pressions barométriques et par la forme et le mouvement des nuages.

V. — *Indications tirées du scintillomètre.*

Nous avons vu les avantages que l'on était en droit d'attendre de l'étude du spectroscope ; un autre instrument, le *scintillomètre*, est appelé également à rendre de grands services à la météorologie.

Il est nécessaire, tout d'abord, d'indiquer rapidement ce qu'on entend par *scintillation*. Les travaux d'un grand nombre d'astronomes ont été dirigés sur ce sujet. Arago les a rassemblés dans une étude remarquable (1).

On sait que l'éclat d'une étoile change à tout moment, sa couleur même subit des variations : ces diverses modifications s'observent difficilement à l'œil nu. L'appareil que nous allons décrire, imaginé par M. Montigny, membre de l'Académie royale de Belgique, permet de déterminer le nombre de changements de couleur qu'une étoile

(1) Arago, *Annuaire du Bureau des longitudes.*

subit en une seconde. Ce nombre qui dépasse souvent la centaine mesure l'intensité de la scintillation.

Cette scintillation varie, on le comprendra du reste, avec l'élévation de l'étoile au-dessus de l'horizon, car ses rayons auront à traverser, pour venir à nous, une épaisseur d'atmosphère d'autant plus grande que l'étoile sera plus près de l'horizon.

M. Dufour, de Morges, a montré qu'on pouvait ramener toutes les observations à une hauteur moyenne, ce qui les rend comparables.

M. Montigny a prouvé que la scintillation variait avec l'état de l'atmosphère; en effet, les conditions hygrométriques doivent y jouer un grand rôle, car l'intensité moyenne a été évaluée à 78 pour un temps humide et à 54 seulement pour un temps sec.

L'avantage du scintillomètre sur les hygromètres proprement dits tient à ce qu'il donne l'évaluation de l'humidité moyenne comprise dans toute la couche atmosphérique traversée par le rayon lumineux.

On suppose, en outre, que la scintillation dépend aussi de la pression barométrique et des mouvements de l'air; la question étant encore à l'étude, nous ne nous montrerons pas plus affirmatifs. Nous devons nous borner à signaler les recherches faites par M. Montigny.

L'instrument qu'il a inventé consiste en un miroir auquel on imprime un mouvement de rotation excessivement rapide, ce miroir donne un mouvement de rotation à la lumière d'une étoile qu'on observe à l'aide d'une lunette.

Par suite de la persistance des impressions lumineuses, l'étoile semble décrire un trait lumineux.

Quand l'atmosphère est calme et sereine, quelle que soit la température, le trait est parfaitement *régulier*.

Quand le temps tourne à la pluie le trait est moins net, il est *diffus*.

Si l'air est agité, ces irrégularités constituent des traits frangés tout à fait *irréguliers*.

Lorsque l'atmosphère est profondément troublée par l'approche d'une violente bourrasque, le trait prend une forme particulière que M. Montigny désigne sous le nom de *trait perlé*.

Lorsque les résultats fournis par cette méthode auront acquis la précision qu'ils exigent, la prédiction locale à courte échéance, basée sur l'étude attentive des variations du baromètre, du thermomètre, du spectroscope et du scintillomètre, aura acquis un degré d'exactitude qui en rendra l'usage promptement populaire.

VI. — *Indications tirées des perturbations magnétiques.*

Les observations relatives à l'*électricité* n'entrent pas encore dans le cadre ordinaire des recherches météorologiques, aussi n'avons-nous pas fait figurer l'électroscope, l'électromètre ni la boussole dans la description des instruments. Pour les études spéciales sur ce sujet, on devra consulter les travaux de M. Marié Davy (1) et Palmiéri (2).

Nous devons avouer que la question n'est pas encore résolue d'une manière absolue.

« Les signes fournis par l'électricité, dit M. Marié Davy, accusent pendant des heures entières la présence de l'électricité positive dans les nuages, puis, sans que rien ait changé en apparence dans les conditions extérieures, les signes s'intervertissent et se succèdent rapidement, tantôt dans un sens, tantôt dans l'autre. C'est un véritable dédale où il est fort difficile de se reconnaître. »

Il y a une connexité marquée entre le phénomène des aurores boréales et les variations de l'aiguille aimantée. Or, on a remarqué que les aurores précédaient une série de tempêtes ou de perturbations atmosphériques.

On conçoit dès lors l'intérêt des études tentées dans le but d'éclairer cette partie de la science dont les résultats encore trop peu nombreux ne nous fournissent que des notions très vagues sur les variations de l'électricité de l'atmosphère.

Nous croyons, par suite, utile de signaler une dernière sorte de prévision tirée de l'étude de la boussole. Dans un travail communiqué, en 1860, à l'Académie de Nuovi Lincei, le P. Secchi signalait certaines oscillations de l'aiguille aimantée, correspondant, d'après lui, à des variations du temps. Il espérait que ces études pourraient servir un jour à la prévision des bourrasques.

Quelques physiciens, de Humboldt entre

(1) Marié Davy, *Loi de l'Électricité atmosphérique.*
(2) Palmiéri, *Mouvements de l'atmosphère.*

autres (1), avaient indiqué le retour périodique de ces perturbations succédant à des périodes de repos.

« J'étais si convaincu, dit-il, que les orages magnétiques devaient se produire par groupes pendant plusieurs nuits de suite, que j'annonçai à l'Académie de Berlin les particularités de ces perturbations extraordinaires, et que j'invitai mes amis à me venir voir, à heure fixe, pour se donner le plaisir de ce spectacle. »

Cette idée, partagée par le P. Secchi, par l'amiral Fitz-Roy, fut confirmée plus tard par les remarquables travaux de M. Marié Davy.

Un service magnétique, confié à M. Moureaux, a été établi au parc Saint-Maur. On y enregistre tous les jours de nouveaux faits destinés à établir d'une façon certaine les rapports qui existent entre les perturbations magnétiques et les changements de temps.

La comparaison des variations de l'intensité magnétique avec les variations du baromètre montre les concordances les plus curieuses; on les remarque surtout pendant la mauvaise saison, alors qu'elles disparaissent presque entièrement en été.

M. Kaemtz avait déjà fait remarquer que la déclinaison de l'aiguille aimantée dépend, comme la hauteur de la colonne mercurielle, de la température et de la direction du vent.

On sait, d'une manière certaine, que les variations atmosphériques sont indiquées par des per-

(1) Humboldt, *Cosmos.*

turbations magnétiques qu'il est facile d'observer ; on les remarque plus particulièrement dans les lignes télégraphiques.

Les quelques exemples suivants rendront compte du genre de prévision qu'il est permis de baser sur les indications des perturbations magnétiques. Ils sont relatés par M. Marié-Davy (1).

Le 28 novembre 1863, des perturbations magnétiques sont observées à Paris ; on se rappelle qu'à cette époque une violente tempête tournante traversait l'Atlantique se dirigeant sur l'Europe où elle sévit du 1er au 4 décembre, et qu'une série d'autres l'y suivirent.

Le 2 décembre, il y eut perturbations magnétiques à Rome et aurore boréale à Stockolm.

Le 23 décembre 1864, l'intensité magnétique, après avoir fléchi les jours précédents, se relève d'une manière assez brusque avec agitation des barreaux. Les mauvais temps qui précédemment avaient passé à d'assez hautes altitudes, se frayaient une route au travers de l'Allemagne vers la Méditerranée.

Le 10 et le 11 mars 1864, l'inclinaison magnétique diminue brusquement à 4 minutes à Paris ; de fortes perturbations magnétiques nous sont signalées à Livourne. Une violente tempête aborde le nord-ouest de l'Europe dans la nuit du 10 au 11.

Après une série de beaux jours, des perturbations sont signalées de Rome et de Livourne le 27 avril. A cette époque, une bourrasque abordait le nord de la France qu'elle devait traverser lentement les jours suivants pour atteindre la Méditerranée le 30.

Nous pourrions multiplier ces exemples ; malheureusement les prédictions basées sur ces études

(1) Marié-Davy, *Mouvements de l'atmosphère.*

sont fort délicates à formuler et exigent des observations longues et difficiles.

Nous ne pouvons entrer dans de plus longs détails au sujet de ces curieuses relations, découvertes depuis quelques années et qui nécessitent de nouvelles études propres à établir leur certitude sur un ensemble plus complet de faits indiscutables.

Il nous suffit d'avoir indiqué la confirmation qu'elles sont susceptibles de donner, dans certains cas, aux signes précurseurs des tempêtes.

VII. — *Indications tirées des nuages.*

Bien que l'observation des *nuages* au point de vue de la prédiction du temps semble mieux placée dans le chapitre consacré à l'étude des pronostics, nous croyons qu'il est impossible de séparer les observations que nous venons d'étudier de celles qui se rapportent à l'annonce de bourrasques. M. Mascart (1) en a magistralement établ les bases. Les nuages offrent une importance considérable pour la prévision du temps, ils contrôlent si utilement les indications du baromètre que nous ne croyons pas devoir passer sous silence les indications qu'ils donnent.

Plusieurs jours avant l'arrivée d'une bourrasque, et avant même que le baromètre ait commencé à baisser d'une manière sensible, on voit apparaître dans le ciel,

(1) Conférence faite en 1880 et publiée par M. Moureaux.

en longues bandes parallèles, des nuages fins, déliés, qui sont les premiers avant-coureurs des mauvais temps ; on les appelle des *cirri* ; ils sont formés de petites aiguilles de glace flottant à des hauteurs considérables qui atteignent et dépassent même 10,000 mètres et 12,000 mètres. Peu à peu, le ciel prend un aspect blanchâtre, laiteux, favorable à la production des halos ; puis apparaissent les cirro-cumuli ou, comme on dit vulgairement, *le ciel est pommelé* ; bientôt ces nuages augmentent en étendue et en densité ; ils se transforment en cumuli ou balles de coton, d'abord isolés, dans les éclaircies desquels on aperçoit par intervalles les cirri des couches supérieures ; les cumuli s'abaissent de plus en plus, l'horizon se couvre et le ciel prend peu à peu cet aspect particulier qui caractérise l'approche de la pluie. Cette succession d'aspects divers s'observe dans la portion antérieure des bourrasques, en même temps que la baisse du baromètre s'accentue. Lorsque le centre du tourbillon est passé et que la pression commence à se relever, le ciel se découvre par instants, et les alternatives de nuages et d'éclaircies, les averses, les giboulées, etc., sont les phénomènes qui se produisent d'abord dans la partie postérieure. Le baromètre continuant à monter, les nuages disparaissent peu à peu ; le temps revient au beau. Cette situation persiste jusqu'à ce qu'une nouvelle bourrasque ramène la même suite de phénomènes.

C'est dans la portion dangereuse des bourrasques que se produisent les orages. En hiver, ces phénomènes accompagnent seulement les perturbations profondes et très étendues ; en été, au contraire, la moindre dépression suffit pour en déterminer la formation. Quelquefois les orages restent localisés sur une petite région, mais le plus souvent ils se transportent, comme la bourrasque elle-même, en se propageant sur des contrées entières ; certains ont été suivis depuis Bordeaux jusqu'à Amsterdam.

On peut donc prévoir les variations de temps, à courte échéance, en suivant avec soin la marche du baromètre et celle des nuages.

M. Plumandon a formulé à ce sujet une règle fort simple :

« Lorsqu'on verra les nuages marcher dans une certaine direction, on pourra, quelle que soit la hauteur du baromètre, en déduire qu'un centre de dépression existe sur la gauche du courant nuageux dans une direction à peu près perpendiculaire à ce courant. »

La règle est facile à appliquer : si les nuages viennent de l'ouest, un minimum barométrique se trouvera dans le nord : si les nuages viennent du sud, il se trouvera dans l'ouest, etc.

Si ces préceptes se vérifiaient d'une manière absolue, la détermination de la prévision du temps serait établie sur des bases solides et rendrait des services signalés aux marins, aux agriculteurs, aux industriels et aux citadins.

CHAPITRE XII

RECHERCHE DES PÉRIODES EN MÉTÉOROLOGIE

I. — *Étude des marées atmosphériques.*

D'après ce qui précède, on peut voir que les prédictions basées sur les transmissions télégraphiques des observations sont les plus importantes, mais que, néanmoins, malgré une certaine incertitude, les pronostics tirés des instruments de physique peuvent conduire à une prévision locale du temps.

Il ressort clairement de ce que nous avons dit que ces prédictions se font toutes à courte échéance. Parviendra-t-on jamais à établir des prévisions pour une date éloignée; à annoncer, plusieurs mois à l'avance, le caractère dominant de chaque saison? C'est un genre de prédiction qui a le plus grand intérêt pour l'agriculture et le commerce, aussi plusieurs météorologistes ont-ils abordé la question et présenté les théories que nous allons développer. Tout d'abord, nous devons convenir que, dans l'état actuel de nos connaissances, le problème général de la circulation de l'atmosphère est le plus complexe et le plus difficile que l'on puisse se proposer de résoudre. Arago a prouvé que depuis les temps les plus reculés les climats de la terre n'avaient pas changé; par conséquent, il est naturel de penser que les diverses variations générales de l'atmosphère se reproduisent suivant certaines périodes qui restent à déterminer. C'est la recherche de ces cycles atmosphériques qui a tenté, depuis fort longtemps, les météorologistes en quête d'une théorie nouvelle, aussi verrons-nous soutenir les hypothèses les plus diverses pour trouver l'explication des phénomènes de l'air.

La théorie que l'on retrouve le plus souvent est basée sur les influences de la lune. On ne saurait croire combien les erreurs qui reposent sur ces principes sont enracinées. Le nombre de partisans que ce préjugé a pu réunir est considérable et, malgré les données certaines de la science moderne qui rejettent cette théorie, on voit encore de nos jours surgir, de loin en loin, un prophète du temps qui trouve dans les phases lunaires la cause des variations du temps et en détermine les périodes.

La première idée qui se présente à l'esprit quand on considère le phénomène du flux et du reflux des mers est de penser que l'atmosphère, avant l'océan, reçoit l'influence de la pression de la lune, et possède des marées semblables, dans le même sens, et soumises aux mêmes lois. Cette hypothèse avait déja été présentée lorsqu'elle fut particulièrement soutenue par Toaldo. Ce savant, professeur de physique à l'université de Padoue, la développa le premier en 1770. Ayant réuni une grande quantité d'observations barométriques faites pendant quarante-huit années, il discuta leurs indications et conclut que le mercure éprouvait une variation diurne dépendante de l'action de la lune.

Ces conclusions furent combattues et amenèrent Toaldo à publier (1) un travail dans lequel il donne le détail d'un grand nombre d'observations horaires. Le résultat de ces recherches l'amena à affirmer que le baromètre a, sans aucun doute, une marche dépendante des jours lunaires.

La croyance à une marée atmosphérique étant devenue populaire, il importe tout d'abord de faire connaître les différences intimes qui existent entre ces phénomènes et les marées océaniques et d'en déterminer, en outre, l'importance.

Les marées océaniques, produites surtout par

______

(1) Toaldo, *Mémoires de l'Académie de Berlin.*

l'action lunaire, correspondent au mouvement de notre satellite. Or, comme le passage de cet astre au méridien retarde chaque jour d'un peu plus de 5o minutes, il en résulte que les marées océaniques retardent également et se font sentir successivement à toutes les heures du jour ou de la nuit; le baromètre, au contraire, subit bien une double oscillation quotidienne, mais elle se manifeste constamment à la même heure et dépend de la position géographique du lieu ainsi que des saisons.

Le flux et le reflux des mers se propage de l'équateur au pôle et met environ un jour et demi pour atteindre nos côtes, tandis que les oscillations du baromètre, dépendant de l'heure du jour, se ont sentir sensiblement au même instant pour tous les lieux placés sur le même méridien.

Si l'on rapproche ces faits de ce que nous avons dit des causes des variations diurnes du baromètre, on verra qu'il n'y a pas la moindre analogie entre les deux phénomènes.

Il faut aussi tenir compte de ce fait que si, par sa légèreté, l'air ressent plus que l'eau l'influence de la lune, l'action de notre satellite sur l'atmosphère est proportionnelle à sa densité; or, l'air est environ 772 fois moins dense que l'eau et doit être conséquemment beaucoup moins attiré; les deux phénomènes se compensant à peu près, on peut supposer que les couches d'air supérieures subissent une double oscillation diurne d'une amplitude de 10 mètres environ. Les résultats de cette oscillation ne se font pas sentir sensiblement à la surface de notre planète. Laplace a donné la formule qui permet de calculer la hauteur des marées de l'atmosphère produites par l'action de la lune. Bouvard en a déduit, par l'application qu'il en a faite aux observations de Paris continuées pendant huit ans, une variation de 1/18 de millimètre représentant l'oscillation atmosphérique.

II. — *Influence de la lune sur le temps.*

Arago a donné les indications les plus utiles à ce sujet ; il a fait ressortir ainsi qu'il suit la valeur de la marée aérienne. Nous ne pouvons mieux faire que de lui laisser la parole : « Par une action évidemment liée à la position du soleil, le baromètre baisse tous les jours entre neuf heures du matin et midi. Ce mouvement qui fait partie de l'oscillation connue sous le nom de *variation diurne,* est souvent masqué, en Europe, par des fluctuations accidentelles ; mais on le retrouve constamment dans les moyennes, même en n'employant qu'un petit nombre de jours. Eh bien ! voyons s'il doit avoir la même valeur aux syzygies et aux quadratures.

J'admettrai un moment que la *haute atmosphère* amène une augmentation dans la hauteur du baromètre. On supposerait une diminution que le résultat serait absolument le même.

Aux syzygies, le maximum de hauteur barométrique dépendant de l'effet de la marée atmosphérique, devant avoir lieu à midi, il est clair qu'entre neuf heures du matin et midi, cette hauteur croîtra continuellement. Pendant le même intervalle, la période diurne produit dans le mercure un mouvement inverse. Donc l'effet observé sera *la différence de deux certains nombres*.

Aux quadratures, le minimum de pression atmosphérique dépendant de la marée aérienne a lieu à midi ; ainsi, de neuf heures à midi, le baromètre descendra. Mais il descend déjà en vertu de la période diurne ; donc l'effet total observé sera *la somme des deux mêmes nombres* dont il était question tout à l'heure.

La somme de deux nombres *surpasse* leur différence du double du plus petit. Le plus petit étant ici la marée atmosphérique supposée, si l'on prend, d'abord aux quadratures, ensuite aux syzygies, la différence entre les hauteurs moyennes du baromètre de neuf heures et de midi, la première de ces différences surpassera la seconde du *double de l'effet* que produit la marée aérienne *en trois heures.* Cet effet peut être supposé *la moitié* de la marée totale ; son double sera donc l'entier ; et, en définitive, le calcul que je signale fera connaître, à peu près, la valeur complète de la marée aérienne.

Venons à l'application.

Hauteur moyenne du baromètre, à Paris, par 12 années d'observations.

Quadratures.. {	9 heures du matin............	757^{mm},06
	Midi.......................	756^{mm},69
	Différence.........	0^{mm},37
Syzygies..... {	9 heures du matin..........	756^{mm},32
	Midi.....................	755^{mm},99
	Différence.........	0^{mm},33

Ces deux nombres ne diffèrent, comme on le voit, que de 4/100 de millimètre ; quantité évidemment au-dessous des erreurs d'observation.

La marée atmosphérique, en tant qu'elle dépendrait de la cause qui produit les marées de l'Océan, en tant qu'elle serait régie par les mêmes lois, n'aurait donc qu'une valeur insensible.

Quoi qu'il en soit de l'importance de cette marée atmosphérique, si nous l'acceptons, voyons quelle sera son influence sur les agents météorologiques, sur la pluie, par exemple.

Arago nous guidera encore dans cette investigation; il nous apprend, en effet, que cette question a été examinée en 1830 par M. Schübler, qui a déduit les résultats suivants de 28 années d'observations météorologiques faites en Allemagne.

	Nombre de jours de pluie.	
	Le jour même.	Moyenne de deux jours.
Le jour de la nouvelle lune..	148	148
Le jour suivant................	148	
Le jour du 1er octant.........	152	150
Le jour suivant,...............	148	
Le jour du 1er quartier......	156	153
Le jour suivant...............	151	
Le jour du 2e octant.........	164	165
Le jour suivant...............	167	
Le jour de la pleine lune.....	162	161
Le jour suivant...............	161	
Le jour du 3e octant.........	161	155
Le jour suivant...............	150	
Le jour du dernier quartier..	130	135
Le jour suivant...............	140	
Le jour du 4e octant.........	138	133
Le jour suivant...............	129	

Les valeurs considérées plus haut ont permis de conclure le tableau suivant du nombre de fois qu'il pleut en Allemagne, dans les diverses phases, sur un nombre total de 1,000 jours pluvieux :

Le jour de la nouvelle lune......	306
Le jour du 1ᵉʳ octant..........	306
Le jour du 1ᵉʳ quartier..........	325
Le jour du 2ᵉ octant..........	341 *maximum*
Le jour de la pleine lune........	337
Le jour du 3ᵉ octant..........	313
Le jour du dernier quartier......	284
Le jour du 4ᵉ octant..........	290 *minimum*

Pilgram, en Autriche, chercha, en 1788, si les phases lunaires avaient une influence quelconque sur la pluie ; il en dressa le tableau suivant, basé sur 100 observations de la même phase :

Nouvelle lune............	26	chutes de pluie.
Moyenne des deux quartiers.	25	—
Pleine lune...............	29	—

Les indications contenues dans les tableaux précédents offrent un réel intérêt ; elles prouvent d'une façon victorieuse l'influence de la lune sur la pluie ce résultat emprunte un nouveau degré de certitude des remarques qui suivent : M. Flaugergues, à Viviers, a réuni, pour une période de 20 ans, les hauteurs barométriques moyennes correspondant aux diverses positions de la lune.

Hauteurs moyennes du baromètre.

Nouvelle lune........	755ᵐᵐ,48
Premier octant...................	755 44
Premier quartier	755 40
Deuxième octant.................	754 79

Pleine lune.................................. 755 30
Troisième octant........................... 755 69
Second quartier............................ 756 23
Quatrième octant 755 50

Arago compare ensuite ces résultats à des observations semblables, et en tire des conséquences d'un grand intérêt. En calculant une longue série d'observations faites à Padoue, par le marquis Poleni, Toaldo avait trouvé jadis que la hauteur moyenne du baromètre dans les quadratures surpasse la hauteur moyenne des syzygies de $0^{mm},46$.

Les observations de M. Flaugergues donnent :

Hauteur moyenne des quadratures :.... $755^{mm},81$
—   —   des syzygies.......... 755   39
Excès du premier résultat sur le second. $0^{mm},42$

Bouvard, par la discussion des observations de Paris, avait trouvé :

Hauteur moyenne des quadratures..... $756^{mm},59$
—   —   des syzygies......... 755   90
Différence........... $0^{mm},69$

Il est donc bien démontré pour nous qu'il y a une marée atmosphérique dont l'influence, quoique minime, se fait cependant sentir. Si l'on tente d'appliquer une méthode analogue à celle qui a été suivie pour la pluie aux changements de temps, les résultats deviennent si discordants qu'on doit renoncer à l'espoir de trouver dans la marche du temps une concordance certaine avec les phases lunaires.

III. — *Opinions diverses.*

Le maréchal Bugeaud avait établi l'influence des lunaisons sur le temps à venir : on dit même qu'il y subordonnait ses plans d'expéditions.

Il formulait ainsi la règle qui a conservé son nom qu'il disait avoir trouvée dans un monastère espagnol, et qui se trouvait établie par 55 années d'observations suivies, soit 660 lunaisons. Il avait donc pu contrôler suffisamment les applications du principe qu'il avançait.

« Le temps se comporte onze fois sur douze pendant toute la durée de la lune comme il s'est comporté au cinquième jour de la lune si le sixième jour le temps est resté le même que le cinquième, et neuf fois sur douze comme le quatrième si le sixième jour ressemble au quatrième.

Cette règle devient inutile si le 5ᵉ ou le 6ᵉ jour ne ressemble pas au jour précédent, ce qui a lieu pour octobre, février, mars et avril; pour les huit autres mois il paraîtrait, d'après l'illustre maréchal, que sa loi n'a subi aucune variation.

Le moyen âge ne pouvait manquer d'avoir aussi son pronostic lunaire; il l'exprimait de la façon suivante :

Primus, secundus, tertius nullus;
Quartus aliquis;
Quintus, sextus qualis;
Tota luna talis.

Cette opinion, formulée par l'illustre maréchal, ne tient pas devant une discussion approfondie d'observations soigneusement faites.

Voici à ce sujet l'opinion d'un savant consciencieux, Buys Ballot, directeur de l'Institut royal météorologique d'Utrecht. Nous allons lui emprunter les résultats suivants :

Par de longues observations j'ai cru trouver, dit-il, une faible influence sur la température, se manifestant par un léger accroissement de celle-ci après la pleine lune ; les observations de quarante années conduisaient à ce résultat, tandis que d'autres, il est vrai, ne le confirment point.

Quant à l'influence sur la sérénité, j'ai examiné les observations de Batavia et de Zwanenburg, faites trois fois par jour, car, à cette époque, je n'avais pas encore les observations horaires à ma disposition j'ai recherché quelle était la nébulosité 1°) quand la lune était au méridien inférieur, 2°) quand elle était sur le point de se lever, 3°) quand elle venait de se lever, 4°) quand elle était au méridien supérieur, 5°) quand elle était sur le point de se coucher, 6°) quand elle venait de disparaître sous l'horizon. Or, j'ai trouvé la moyenne de sérénité (évaluée selon M. Quetelet) dans ces six cas.

Je trouvai seulement uue nébulosité un peu plus faible à l'époque de la pleine lune, cet astre étant près du méridien supérieur. Mais il faut se rappeler qu'à l'heure de l'observation (10 heures du soir), la pleine lune se trouve assez près du méridien supérieur ; or, la sérénité étant plus grande à ce moment de la journée, c'est à cette circonstance et non à la pleine lune qu'il faut attribuer l'effet constaté.

Il nous faudra des observations bien prolongées pour pouvoir nous prononcer sur cette question avec quelque certitude.

D'un travail exécuté par M. Tromholt sur la périodicité lunaire des aurores boréales, travail dans lequel ce savant fut amené à tenir compte de la nébulosité suivant les aspects de la lune, il résulta une concordance si sensible des chiffres obtenus comme moyenne, qu'il ne lui fut pas possible d'en tirer une conclusion en aucun sens, le phénomène ne se produisant pas plus fréquemment aux diverses lunaisons ou aux quadratures.

Il semble donc inutile d'insister sur ce point; nous allons passer à l'étude des périodes lunaires dans lesquelles quelques prophètes météorologistes ont une foi absolue.

IV. — *Période de dix-neuf ans.*

Une des idées les plus répandues parmi les faiseurs de prédictions à longue échéance, c'est la croyance que des périodes de la révolution du périgée de la lune ou celle des nœuds peuvent ramener les mêmes événements météorologiques.

Il est bon d'expliquer en quelques mots ces termes astronomiques. Les marées sont produites par l'action du soleil et de la lune; la distance de ces astres à la terre, leur position angulaire, leur déclinaison doivent donc faire varier la grandeur de ces marées. Le flux et le reflux observés aux syzygies (aux pleines et nouvelles lunes) surpassent les marées des quadratures (premier et dernier quartiers); de plus, parmi les marées des syzygies, les plus violentes s'observent lorsque la lune est en périgée (près de la terre). On conçoit donc que les marées ne se reproduisent pas également aux mêmes jours de diverses années.

On sait, d'après les calculs astronomiques, que toutes les 19 années environ le soleil, la lune et la terre se retrouvent à peu près dans la même situation relative. Cette période était connue des anciens qui lui avaient donné le nom de cycle de Méton, ou nombre d'or, car ils avaient fait graver ce nombre en lettres d'or, tant ils trouvaient sa découverte heureuse. Ils s'en servaient pour prédire les phases de la lune. Ils adaptaient les aspects de notre satellite observés pendant une période de 19 ans aux jours de même dénomination des périodes suivantes.

Si, pour simplifier la question, nous ne tenons pas compte des distances du soleil et de la lune à la terre, nous arrivons à déterminer en ces termes les bases de la prevision de ceux qui attribuent une influence à cette période. Tous les 19 ans, les saisons doivent se reproduire avec les mêmes traits caractéristiques; ainsi, l'année 1889 devrait représenter les mêmes phénomènes que celle de 1870 dans l'ordre où ils se sont présentés; l'année 1890, les mêmes phénomènes que l'année 1871, et ainsi de suite.

Grandjean de Fauchy avait signalé en 1764 à l'abbé Cotte les rapports de la période lunaire de 19 ans avec le retour an par an des mêmes phénomènes de la température moyenne : ce dernier dressa pour chaque année un tableau allant de 1805 à 1898.

Les événements météorologiques, d'après cette théorie, devraient revenir aux mêmes dates et dans le même ordre, tous les 19 ans. Arago a combattu cette prétendue influence par les arguments suivants :

D'après les partisans de cette théorie, les années 1701, 1720, 1739, 1758 et 1777, toutes séparées par des intervalles de 19 ans, ont également présenté dans les différents mois des excès de sécheresse et d'humidité. Si on prend, au lieu d'affirmations vagues, des chiffres certains, on arrive au résultat suivant :

Dates.	Maximum des températures.	Minimum des températures.	Quantité annuelle de pluie.
	o	o	mm
1701...	+ 32,5	— 2,5	577
1720...	+ 31,9	— 1,5	464
1739...	+ 33,7	— 1,9	517
1758...	+ 34,4	— 13,7	»

Arago ajoute d'autres résultats encore plus intéressants, qu'il obtient en groupant 2 par 2 les années séparées par des intervalles multiples de 19 ans :

Années séparées par des mult. de 19 ans.	Maximum de température.	Minimum de température.	Quantité annuelle de pluie.
	o	o	mm
1725.....	+ 31,2	— 4,1	473
1782.....	+ 32,5	— 13,8	597
1709.....	+ 30,6	— 21,0	589
1728.....	+ 30,6	— 8,4	438
1710.....	+ 28,4	— 13,7	426
1748.....	+ 36,9	— 12,6	467

Années séparées par des mult. de 19 ans.	Maximum de température.	Minimum de température.	Quantité annelle de pluie.
	o	o	um
1711....	+ 29,6	— 9,5	681
1730....	+ 31,2	— 6,9	433
1733....	+ 32,5	— 2.1	243
1771....	+ 33.7	— 12,7	487
1734....	+ 31,9	— 5,0	476
1753....	+ 38,1	— 11,5	48

La comparaison des divers éléments météorologiques qui ont servi à déterminer le climat de Paris, fourniraient les conclusions suivantes plus discordantes encore.

Nous allons d'abord indiquer 6 ou 7 années de suite prises au hasard, puis nous les grouperons en séries séparées par des intervalles de 19 années. L'examen des éléments météorologiques permettra de se rendre compte qu'il n'y a aucune influence attachée à ce nombre de 19 années.

Années quelconques.	Température maximum.	Température minimum.	Quantité annuelle de pluie.
	o	o	mm
1846.....	+ 35,9	— 14,7	565
1847.....	+ 34,5	— 7,9	430
1848.....	+ 31,0	— 9,7	575
1849.....	+ 31.4	— 7,3	597
1850.....	+ 33,0	— 7,0	562
1851.....	+ 30,4	— 6,3	468
1852.....	+ 34,5	— 7,0	597

Années groupées à intervalle de 19 ans	Température maximum.	Température minimum.	Quantité annuelle de pluie.
	o	o	mm
1846.....	+ 35,9	— 14,7	565
1865.....	+ 31,8	— 8,0	542
1847.....	+ 34,5	— 7,9	430
1866.....	+ 33,1	— 2,1	644
1848.....	+ 31,0	— 9,7	575
1867.....	+ 33,0	— 9,0	565
1849.....	+ 31,4	— 7,3	597
1868.....	+ 34,0	— 11,1	512

La simple comparaison des deux tableaux ne laisse aucun doute sur la fausseté de la méthode qui attribue une influence quelconque à la période de 19 ans et la condamne à tout jamais.

V. — *Période de neuf ans.*

Une autre période dépendant également du cours de la lune a attiré l'attention de quelques météorologistes. Tous les neuf ans environ, par suite du mouvement du grand axe de son ellipse, les nouvelles et les pleines lunes, les divers quartiers se représenteront dans les mêmes conditions relatives de distance à la terre. Ce n'est donc que pour une période de neuf ans que les phénomènes devraient se reproduire dans un ordre régulier. Arago, qui s'est également occupé de cette hypothèse, nous fournit les renseignements suivants à ce sujet :

Toaldo avait cru reconnaître que si l'on parta=

geait un long intervalle de temps en périodes successives de neuf ans, les quantités de pluie recueillies dans chacune de ces petites périodes seront égales entre elles. Il ajoute que cette égalité disparaît si on opère le partage de l'intervalle total en groupes de 8, 6, ou 10 années.

Si de la théorie nous passons à l'étude plus pratique des chiffres, nous trouvons :

Dans les 9 années commençant à	Et finissant inclusivement à	Pluie tombée à Padoue.	Différences.
1725	1733	325 pouces anglais.	— 63
1734	1742	262 —	+ 58
1743	1751	320 —	+ 13
1752	1760	333 —	— 13
1761	1769	320	

Ces nombres sont loin de concorder ; voyons si, avec les observations quelconques plus exactes de notre siècle, nous parviendrons à mettre en lumière cette période de 9 ans :

Dans les 9 années commençant à	Et finissant inclusivement à	Pluie tombée à Paris.	Différences.
1831	1839	4617^{mm}	— 28^{mm}
1840	1848	4589	+ 106
1849	1857	4695	— 75
1858	1866	4620	+ 205
1867	1875	4825	

L'étude des nombres ci-dessus est incapable de satisfaire à la théorie dont il s'agit, car on voit que les résultats sont loin d'être concordants.

Ces diverses hypothèses ont été adoptées par divers météorologistes. M. Raspail a longtemps publié un *Almanach météorologique* contenant des prédictions basées sur la période lunaire de dix-neuf ans.

VI. — *Principes des prophètes du temps.*

Le prophète qui a eu le plus grand renom est sans contredit Mathieu (de la Drôme). L'immense renommée de ses prédictions nous engage à présenter à nos lecteurs un résumé des singuliers principes sur lesquels il étayait ses prévisions.

Tout d'abord, il y a intérêt à établir d'une façon bien nette l'incertitude de toutes les prévisions dont il va être question. Le but des prophètes est de prouver l'influence de la lune sur les changements de temps. Mais, que désigne-t-on sous ce nom ? Certains rangent sous cette dénomination le passage du calme au vent, d'un vent faible à un vent fort, d'un ciel serein à un ciel nuageux, d'autres adopteront des variations plus tranchées. Comment unifier ces diverses manières de voir et prouver que les relevés d'observations correspondent bien réellement à un changement de temps fixe ; de plus, l'influence lunaire se fait-elle sentir immédiatement ? Généralement, lorsqu'on a comparé les observations au cours de notre satellite, on a attribué à celui-ci tous les changements de temps qui se sont produits deux ou trois jours avant et après la phase considérée. Dans ces conditions, comment peut-on faire la part de l'influence lunaire ?

Quoi qu'il en soit, en admettant même cette influence, voyons comment elle s'exerce d'après les idées de Mathieu (de la Drôme).

« Le soleil, dit-il, foyer de chaleur, volatilise les eaux

des mers, des lacs et des terres humides, et les fait monter, sous formes de vapeurs ou de brouillards, vers les sommités de l'atmosphère ; puis les nuages étant ainsi formés et suspendus dans les airs, intervient l'influence de la lune, qui tour à tour attire et laisse redescendre l'atmosphère avec ses nuages, de même qu'elle élève et abaisse les flots de l'Océan. Il se produit donc des marées atmosphériques qui mettent en mouvement les couches supérieures de l'air. De l'effet combiné de ces marées et de la chaleur du soleil naissent les vents qui amènent ou entraînent les nuages, par suite la pluie, la neige ou la grêle, enfin tous les météores aqueux. Cette théorie étant admise, il est clair que l'effet ne peut être le même suivant que les phases de la lune coïncident avec le lever ou le coucher du soleil. Telle marée atmosphérique qui se produira vers midi n'aura pas les mêmes conséquences que si elle se produisait à minuit. L'une donnera la pluie, et l'autre le beau temps. En un mot, ce sont les phases qui font le temps suivant l'heure, ou, pour être plus exact, suivant la minute à laquelle elles arrivent, mais il ne suffit pas de consulter le moment précis où doit s'effectuer une seule marée.

Il y a donc des phases auxquelles correspond un accroissement de sécheresse ou d'humidité. Pour les distinguer, Mathieu (de la Drôme) a compulsé les registres d'observations de Genève qui contiennent jour par jour, pour une durée de 66 ans la quantité d'eau tombée. Partant de ces comparaisons, il établit en principe que, pendant les mois de septembre, octobre, novembre et décembre, la nouvelle lune qui arrive entre huit heures et neuf heures et demie du matin donne plus d'eau que celle qui arrive entre sept et huit heures ; en juin, juillet et août, le premier quartier de la lune a une tendance moyenne à la pluie, s'il arrive entre sept heures et sept heures et demie du matin; s'il se produit de sept heures et demie à huit heures il donne de la sécheresse.

Que penser d'une théorie basée sur des particularités semblables, sur des différences aussi spécieuses? Le Verrier a fait justice de ces principes erronés; il prend au hasard l'un des axiomes de Mathieu (Drôme) et relève, sans parti pris, la quantité de pluie tombée pendant la première phase toutes les fois que la lune était nouvelle de sept à huit heures, de huit heures à neuf et de neuf heures à dix heures et il prouve que pendant les soixante-six années d'observations conservées à Genève, la moyenne pour chacune de ces catégories est sensiblement la même. On devait s'attendre à ce résultat. Quelle influence attribuer, en effet, à une heure de retard ou d'avance sur l'instant de la phase si l'on considère le changement insensible dont la lune en est affectée?

Il semble donc impossible de déterminer par les procédés que nous venons de voir et qu'on aurait intérêt à connaître la température moyenne de chaque mois de l'année ou la quantité de pluie pour une époque donnée.

Si nous avons insisté sur cette question, c'est que de loin en loin paraissent de nouvelles prévisions basées sur des principes aussi peu solides que ceux que nous avons étudiés précédemment.

En 1883, M. Overzier, en Allemagne, produisit une théorie fondée sur le calcul des marées atmosphériques; il a publié mensuellement les prédictions journalières du temps probable.

M. Ludwig Overzier, dit M. Vincent (1) à ce sujet, remarqua un jour qu'il se formait des trous dans les nuages qui passaient devant la lune. Ce fut pour lui une révélation. Il se mit à méditer sur la cause qui pouvait produire ces trous, et il se dit que la direction des nuages dans le voisinage de la lune ne devait pas être étrangère à la production du phénomène. Il entreprit des observations dans cet ordre d'idées et arriva, c'est lui-même qui nous le dit, aux résultats les plus étonnants. M. Overzier se dit que l'humanité devait profiter de la grande découverte qu'il venait de faire; aussi, depuis quelque temps, publie-t-il, vers le 15 ou le 20 de chaque mois, de petites brochures élégamment cartonnées contenant pour chaque jour du mois suivant le temps qu'il fera en Allemagne (1). Le succès de ces prédictions est grand, dit-on, chez nos voisins d'outre-Rhin. Cela ne nous étonne pas; il nous a semblé, en les parcourant, que leur auteur ne manquait pas d'une certaine habileté.

Si nous parlons ici des annonces de M. Overzier, ce n'est pas, on le verra tantôt, qu'elles se distinguent, au fond, de celles de certains fabricants d'almanachs connus de tout le monde, mais nous saisissons cette occasion de parler, une fois pour toutes, de ces sortes de tentatives.

Le caractère le plus saillant des prédictions de M. Overzier, c'est leur peu de précision. Nous prenons au hasard ce qui se rapporte à quelques journées.

« 10 juillet, mardi. Le matin, brumeux à nuageux, encore frais et venteux de bonne heure; au milieu de la journée, variable, avec embellies par place; l'après-midi, menaces d'orages; le soir, meilleur ou beau; généralement sec, surtout dans l'Europe centrale.

11 juillet, mercredi. Au lever du soleil brumeux, vers l'ouest et le nord-ouest, couvert, puis meilleur; vers

(1) Vincent, *Ciel et Terre.*

midi, voile ou cumulus; l'après-midi, découvert à beau;
par place; le matin de bonne heure et le soir, orageux.

12 juillet, jeudi. Le matin, de bonne heure, brumeux
à couvert et orageux; dans la matinée, serein; vers
midi, voile ou cumulus; l'après-midi, beau. Vers l'ouest
et le nord-ouest, le matin, peu couvert; cependant ici
aussi plus tard cumulus; l'après-midi, meilleur à beau et
sec.

Ce vague dans l'énoncé des prédictions à longue
échéance est, faut-il le dire? ce qui a toujours assuré
le succès des prédictions auprès du vulgaire. Mathieu
(de la Drôme) ne parle pas autrement que M. Overzier,
quoique ce dernier émette des annonces déterminées
pour chaque jour.

Autre point de ressemblance avec tous les prédéces-
seurs : ce sont les phases de la lune qui servent de base
au système. Quelle déception! Mais Raspail et Mathieu
(de la Drôme) ne procédaient pas autrement! Ce dernier
prétendait en outre tenir compte des influences locales.
M. Overzier le copie encore sous ce rapport. Comme
Mathieu (de la Drôme) et ses continuateurs, il fait appel aux observateurs pour étudier les modifications apportées, en chaque région, aux grands mouvements produits par la lune. Il déclare cependant que ces modifications sont assez peu importantes, et c'est sans doute
pour ce motif que malgré son appel il ne reçut jamais
aucune série d'observations.

Cette croyance de l'influence de la lune sur le
temps, invétérée chez certaines personnes, résiste
aux raisonnements les plus concluants. Généralement, ces idées reposent sur une opinion préconçue,
un parti pris de retrouver quand même les concordances cherchées plutôt que sur des conséquences
déduites des observations. Nous proposons aux
personnes encore soumises à ces préjugés de vou-

loir bien se soumettre à tenir registre des concordances ou des désaccords entre la théorie qu'ils préconisent et la réalité des faits. Bientôt convaincus de l'inanité de leurs anciennes croyances, ils se rapprocheront de l'étude sérieuse des phénomènes météorologiques et pourront rendre, dans cette nouvelle voie, de réels services.

Il suffirait, pour condamner ces théories boiteuses, de réfléchir à l'impossibilité des conséquences de la prévision générale des phénomènes. En effet, l'observation démontre clairement que le temps varie considérablement d'un point à un autre ; il pleut à quelques lieues d'un point où le temps est serein ; l'ouragan ou la grêle ravagent des contrées auprès desquelles le vent incline à peine les arbres, comment veut-on rattacher ces faits à l'influence de notre satellite et comment accepter que la lune qui fait le beau temps produise au même instant une pluie diluvienne.

VII. — *Opinion de Coulvier-Gravier.*

Nous allons étudier maintenant une théorie bien différente qui a été proposée par M. Coulvier-Gravier. Nous devons tout d'abord rendre hommage à la persévérance de cet observateur. Pendant de longues années, il a observé les étoiles filantes avec une sagacité toute particulière. Ceci dit, nous serons plus libres pour discuter la théorie météorologique qu'il croit pouvoir déduire de ses observations.

Rappelons, en commençant, que les anciens ont

signalé les rapports qui liaient ces météores avec les variations du vent principalement. Cette corrélation avait été indiquée également par de Humboldt et par Arago, qui constataient le phénomène curieux de la direction semblable suivie par les météores et par le vent. M. Coulvier-Gravier lui-même signale le docteur Burney qui, après plusieurs années d'observations, annonçait, en 1821, que les étoiles filantes étaient les pronostics de forts coups de vent.

Il semblerait d'après ce qui précède que cette opinion dût être acceptée, nous allons en discuter les résultats, suivant la théorie de M. Coulvier-Gravier. D'après ses principes, toutes les vicissitudes de l'air pourraient être révélées plusieurs jours à l'avance par les perturbations qu'éprouvent les étoiles. Le nombre, la couleur, les changements de direction de ces météores seraient des signes certains qui indiqueraient la pluie ou le beau temps.

M. Coulvier-Gravier établit que si les trajectoires ou courbes parcourues par les étoiles filantes sont dirigées vers le nord, elles annoncent le froid; si, au contraire, elles marchent en sens contraire, c'est la chaleur qu'elles pronostiquent. Cette indication se trouve modifiée par la forme de ces trajectoires qui influe sur le degré de chaleur ou de froid qu'on peut prévoir.

Comme on le voit, c'est une prédiction à longue échéance. M. Coulvier-Gravier, d'après le calcul d'un grand nombre d'années, a remarqué que les résultats obtenus pour les quatre premiers mois de l'année, c'est-à-dire jusqu'au 30 avril, coïncidaient avec ceux de l'année entière. Dès le 1er mai, on pouvait donc prédire de la sécheresse, de grandes pluies ou du froid pour le reste de l'année.

Cette prévision restait déjà, à ce point de vue, dans des généralités regrettables ; en effet, elle présageait simplement le caractère de l'année, alors que le tiers en était déjà écoulé ; de plus, en indiquant de grands froids sans indiquer à quelle époque, ou de grandes pluies sans dire le nombre de jours pluvieux, l'auteur était toujours sûr de prédire juste suivant le sens qu'il pouvait donner à son appréciation.

M. Coulvier-Gravier ne se borne pas là dans son étude de prévisions, il enseigne qu'on peut déterminer à trois ou quatre jours près les perturbations atmosphériques. Dans son système, la moyenne des directions des trajectoires régulières indique la marche des courants supérieurs, qui se transmettra lentement et se fera sentir quelques jours plus tard dans les couches inférieures. Les trajectoires irrégulières, au contraire, annoncent des perturbations. Suivant lui, si on voit des étoiles filantes parcourir une grande partie du ciel en ligne droite, cela indique que les régions supérieures sont calmes ; d'où il conclut que ce calme se continuera sur la terre si nous le possédons et fera cesser les perturbations si notre atmosphère est agitée. Si les trajectoires dévient, durent peu on sont agitées dans leur parcours, c'est un signe certain que nous aurons à subir des variations brusques dans le temps.

La couleur, l'éclat des météores donne encore des indications précieuses ; les étoiles qu'il nomme mouillées, par exemple, car elles semblent entourées de brouillards, présagent des pluies abondantes, celles qui passent et s'éloignent aussitôt sont aussi des signes de pluie.

Voici à peu près, dans ses lignes générales, les bases de la théorie de M. Coulvier-Gravier.

On en voit tout de suite le côté faible. En effet, le manque de lien entre la théorie et les faits observés et, plus encore, la difficulté de l'étude du ciel pour y découvrir les météores, rendent illusoires les études faites dans le but de défendre cette théorie. L'auteur se base sur les observations les plus fugitives. Une étoile qui échapperait à bien des yeux, quatre météores dont la course est tourmentée sont des présages auxquels il ne se trompe pas, qu'il découvre au milieu d'une masse d'autres météores. Devons-nous pousser plus loin l'étude de cette méthode, je ne le crois pas. En tous cas, puisque d'après l'auteur la direction de la marche des météores rend compte des mouvements généraux de l'atmosphère, il devrait y avoir une concordance parfaite entre la moyenne des directions des vents indiqués par les étoiles filantes et la moyenne constatée sur la terre. Malheureusement, cette condition ne se vérifie pas.

Il semble donc qu'on ne puisse faire aucun fond de cette théorie qui a trouvé, du reste, peu de défenseurs. Quelques savants l'ont même traitée avec une certaine dureté ; nous trouvons dans Jamin l'appréciation suivante sur ces prédictions :

Je viens d'exposer les travaux que la science sérieuse avoue ; me permettra-t-on d'indiquer d'un mot les fantaisies que le public protège et que les savants repoussent? On a fait aux étoiles filantes l'honneur d'affirmer qu'elles président aux changements de temps, ou au moins qu'elles les font prévoir; c'est à elles qu'on essaie d'en appeler en dernier ressort après avoir inutilement invoqué tous les astres du ciel, planètes, lune et comètes. Consultée, l'Académie a répondu que cette influence n'est point démontrée, — réponse polie. — D'un autre côté, les astronomes autorisés, MM. Heis et Secchi, dont la compétence ne peut être niée, affirment qu'une pareille indication donnée par les corpuscules célestes est absolument controuvée. Le public fera donc bien de se mettre en garde contre des prédictions sans précision, aussi souvent infirmées que justifiées par l'événement. Cette réserve faite, tout le monde encourage M. Coulvier-Gravier à persévérer dans l'étude qu'il a commencée des étoiles filantes, et même à publier ses observations, car il se pourrait bien qu'une discussion scientifique en fît sortir des conséquences sérieuses, qu'elles contiennent probablement, et qu'il n'a pas su y découvrir.

VIII. — *Influences diverses.*

Nous n'attribuerons aucune importance aux hypothèses qui assignent une influence absolue aux variations dans l'inclinaison de l'axe de la terre, aux changements du lit du gulf-stream.

On a signalé une prétendue relation entre les oscillations de la température et les variations de la lumière zodiacale; dans cette hypothèse, la matière qui constitue la lumière zodiacale se dirige lentement vers le soleil et forme autour de lui comme une sorte d'anneau de forme lenticulaire. La plus ou moins grande épaisseur de cet anneau serait une des causes des variations annuelles que l'on constate dans la température.

On a encore cherché, dans le développement des taches solaires, l'explication des changements de température ; d'après l'opinion de Brewster, les taches devaient avoir une influence marquée sur les mers et être cause d'abondantes formations de vapeurs et, par conséquent, de pluies et d'orages.

M. Faye nous fournira la réponse à cette asser-tion (1).

Voici la température moyenne de l'année observée, dans l'île de Java, pendant le cours d'une période des taches solaires :

Années.	Température moyenne.	Années.	Température moyenne.
	o		o
1866	25,9	1871 (3)	25,7
1867 (2)	25,8	1872	25,8
1868	26,2	1873	25,9
1869	26,0	1874	25,6
1870	25,7	1875	25,9

Si donc les taches avaient produit quelque effet, elles auraient, non pas élevé, mais abaissé la température d'un dixième de degré.

Beaucoup de taches produisent-elles du moins beau-coup de pluie ?

Ce serait alors par quelque action mystérieuse, indé-pendante de la température générale. De fait, les quan-

(1) Faye, *Annuaire du Bureau des Longitudes*, pour 1880.
(2) Maximum des taches.
(3) Minimum des taches.

tités de pluies annuelles varient beaucoup ; elles ne sont donc pas réglées par la moyenne température annuelle qui ne varie presque pas dans ces climats, Pour trancher la question, adoptons les données fournies par l'auteur lui-même, le savant pandit Lakshman Chaatre, et prenons au hasard les observations de la pluie faites à Madras pendant cinquante ans, de 1826 à 1876. Nous trouvons pour les hauteurs de pluie (en pouces anglais) :

Époques des maxima des taches solaires.		Époques des minima des taches solaires.	
	po		po
1830.......	59,0	1833........	49,3
1837.......	58,3	1843........	81,0
1848.......	72,7	1856........	27,6
1860.......	47,2	1864........	41,4
1867.......	56,4	1870........	62,9

Ainsi, il y a des époques où les taches ont beau disparaître, il tombe plus de pluie qu'à des époques de maximun. Quant aux autres années, on en trouve de 24po, de 21po, de 18po même, bien qu'elles ne répondent pas aux minima ; de même, on en trouve où il pleut 66po, 74po, et même 80po, bien qu'elles ne répondent pas aux maxima des taches. L'histoire de ces tentatives serait trop longue à faire ici : la conclusion finale est qu'il n'y a pas de relations entre ces deux ordres de phénomènes, et qu'il serait puéril de vouloir prédire les inondations, les sécheresses ou les famines au moyen des taches du soleil.

Quant aux prétendues influences des comètes, nous les analyserons très rapidement, ce vieux préjugé disparaissant peu à peu et ne rencontrant plus que de rares défenseurs.

Voici, du reste, à ce sujet l'opinion de François

Arago, qui a particulièrement discuté les conclusions des défenseurs de cette erreur populaire :

« Je n'ignore pas que j'aurai bien des préventions à
combattre pour établir que la comète de 1811, ni aucune
autre connue, n'ont jamais occasionné sur notre globe le
plus petit changement dans la marche des saisons. Cette
opinion, au demeurant, se fonde *sur un examen scrupu-
leux, sur une discussion attentive de tous les éléments du
problème, tandis que le sentiment contraire, quelque répandu qu'il soit, est le fruit d'aperçus vagues et sans con-
sistance réelle.* »

Pour fixer les idées et revenir à une discussion
sérieuse, l'idée de l'influence des comètes sur les
saisons, Arago a établi le tableau des températures
moyennes de 1735 à 1853.

Il fait ressortir, entre autres circonstances, que
dans l'année 1737, malgré les deux comètes, la
température moyenne fut inférieure à celle des années précédentes où on n'observa aucun de ces
corps.

Il conclut des comparaisons faites à l'aide de ce
tableau, que la différence de température existant
entre les années à comètes et les années où il n'y
en a pas, se manifeste en faveur des 67 années à
comètes contre les 27 années sans comètes.

Nous allons procéder à une étude semblable
établie pour les années comprises entre 1840 et
1871.

Nous ferons remarquer que nous nous plaçons
dans les meilleures conditions pour arriver à une
conclusion exacte; en effet, les observations conti-
nues faites dans les observatoires permettent d'af-

firmer qu'aucun de ces astres n'échappe à l'observation.

Voici comment nous allons procéder : la température moyenne de Paris, déduite d'observations faites pendant cent cinquante ans, est égale à 10°7 avec une erreur maximum de $+$ 0°,1 ; or en regard du millésime de chaque année, nous indiquerons le nombre de comètes observées ainsi que la différence de la température de cette année à la température moyenne ; on pourra juger ainsi de l'influence des comètes sur la température.

Années.	Nombre de comètes.	Ecart des températures.	Pluie.
		o	mm
1840	4	$-$ 0,4	455,2
1841	0	$+$ 0,5	526,7
1842	1	$+$ 0,3	342,3
1843	2	$+$ 0,6	542,2
1844	2	$-$ 0,5	570,8
1845	3	$-$ 1,0	581,5
1846	6	$+$ 1,0	564,5
1847	6	$+$ 0,1	430,2
1848	1	$+$ 0,7	575,2
1849	3	$+$ 0,6	597,3
1850	2	$-$ 0,1	562,9
1851	2	$-$ 0,2	468,8
1852	2	$+$ 1,0	597,0
1853	4	$-$ 0,7	454,4
1854	5	$+$ 0,3	613,9
1855	3	$-$ 1,2	343,6
1856	0	$+$ 0,1	565,3
1857	5	$+$ 0,4	491,9
1858	4	$-$ 0,1	466,0
1859	1	$+$ 0,4	545,2
1860	4	$-$ 1,5	655,2
1861	3	0,0	458,2
1862	3	$+$ 0,4	515,9
1863	6	$+$ 0,5	426,5

Années.	Nombre de comètes.	Écart des températures.	Pluie.
		o	mm
1864......	5	— 0,8	366,1
1865.......	1	+ 0,7	542,3
1866......	2	+ 0,4	644,3
1867......	4	— 0,3	565,1
1868......	1	+ 0,9	512,5
1869......	2	— 0,1	477,1
1870......	3	— 0,5	417,8
1871......	3	— 0,8	523,9

Nous voyons les écarts de température passer par toutes les valeurs du plus au moins sans accuser le moindre rapport entre les différences et le nombre de comètes.

En effet, à une différence d'un demi-degré en plus ou en moins, nous voyons successivement correspondre 2, 3, 6, 1, 3, 2, 4, 3, 4, 5, 1, 1 ou 3 comètes. Quant à la quantité de pluie tombée on la trouve maximum avec 3, 3, 2, 5, 4, 2 comètes et minimum avec 4, 1, 6, 2, 4, 3, 5, 4, 3, 6, 5, 2, ou 3 comètes.

Les conclusions se déduisent d'elles-mêmes et ne laissent aucun doute sur l'absurdité des rapports cherchés entre les variations de température ou des quantités de pluie tombée et l'apparition des comètes.

Il nous suffira de signaler en passant des hypothèses, aussi peu justifiées que celles qui précèdent, qui font dépendre les variations des températures ou des saisons, soit des changements dans l'inclinaison de l'axe de la terre, soit des changements du gulf-stream, soit de la lumière zodiacale.

Nous avons vu ce qu'on peut penser de l'influence

des taches solaires; la même opinion peut être portée sur celle qu'on attribue aux divers membres de notre système planétaire.

Toutes les remarques populaires qui s'attachent à l'un quelconque de ces préjugés ne tardent pas à tomber devant un examen attentif et surtout devant les indications d'observations sérieuses.

Nous réserverons toutefois notre jugement sur une dernière classe de prédictions qui s'appuie essentiellement sur les pronostics tirés du soleil, de la lune, des étoiles, des animaux ou des plantes. Nous tenterons de jeter la lumière sur certaines de ces croyances dont, à tout prendre, on peut se servir sans avoir en elles cette confiance et cette certitude absolue que l'on tire de l'application des théories scientifiques.

La différence essentielle qui caractérise les prévisions scientifiques de ces prédictions coutumières, c'est que les premières sont basées sur des faits dont les savants connaissent les causes et les effets, c'est-à-dire un enchaînement philosophique conforme aux lois naturelles, tandis que les secondes dérivent d'une observation irréfléchie, d'une longue expérience poursuivie sans méthode et se rapportent plutôt à une sorte d'instinct; c'est généralement le fruit d'observations répétées, mais incomplètes et généralisées à tort.

CHAPITRE XIII

PRONOSTICS TIRÉS DE DIVERS SIGNES DU TEMPS

Après avoir étudié les résultats que les instruments météorologiques peuvent mettre à notre disposition, il est intéressant de voir ce qu'il y a lieu d'espérer de l'application des signes du temps et des divers pronostics sur lesquels on base les chances de pluie ou de beau temps.

On ne peut pas toujours consulter les appareils nécessaires; il faut donc tirer le meilleur parti possible des signes et pronostics vulgaires du temps, lorsqu'ils ne sont pas absurdes et ne reposent point sur d'anciennes superstitions que les siècles n'ont pu déraciner.

I. — *Présages météorologiques*
dans l'antiquité.

Dans l'antiquité, les peuples ignorants attribuaient à des divinités bienveillantes ou hostiles les changements de temps qu'ils pouvaient remarquer dans les saisons ; aussi, faisaient-ils en sorte de se les rendre propices par des prières.

Ces superstitions se trouvent à chaque page dans les œuvres des historiens ou des poètes de l'antiquité.

Virgile nous apprend que la constellation d'Orion annonce la pluie, que les Pléiades pronostiquent l'orage. On voit aussi l'influence des idées astrologiques mêlées à ces préjugés quand il dit :

Observe si Saturne est d'un heureux présage,
Surtout aux dieux des champs présente un pur hommage.

Ces croyances superstitieuses constituaient pour les anciens l'ensemble de leurs connaissances météorologiques. Virgile a signalé un grand nombre de ces présages dont nous ne citerons que quelques-uns empruntés à la traduction de Delille ; ce sont de curieux documents qu'il importe de connaître, car ils résument l'ensemble des présages auxquels les contemporains du poète latin ajoutaient une foi absolue.

Que je plains les nochers, lorsqu'aux prochains rivages,
Ses plongeons effrayés, avec des cris sauvages,
Volent du sein de l'onde ; ou quand l'oiseau des mers
Parcourt en se jouant les rivages déserts ;
Ou lorsque le Héron, les ailes étendues,
De ses marais s'élance et se perd dans les nues !
Quelquefois, de l'orage, avant-coureur brûlant,
Des cieux se précipite un astre étincelant... ;
Tantôt on voit dans l'air des feuilles voltiger,
Et la plume en tournant sur les ondes nager.
Que dis-je, tout prédit l'approche des orages ;
Nul sans être averti n'éprouva leurs ravages :
Déjà l'arc éclatant qu'Iris trace dans l'air
Boit les feux du soleil et les eaux de la mer ;
La Grue avec effroi s'élançant des vallées,

Fuit ces noires vapeurs de la terre exhalées;
Le Taureau hume l'air par ses larges naseaux;
La Grenouille se plaint au fond de ses roseaux;
L'Hirondelle en volant effleure le rivage;
Tremblante pour ses œufs, la Fourmi déménage,
Et des affreux Corbeaux les noires légions
Fendent l'air qui frémit sous leurs longs bataillons.

Seule errant à pas lents sur l'aride rivage,
La Corneille enrouée appelle aussi l'orage,
Le soir la jeune fille en tournant son fuseau
Tire encore de sa lampe un présage nouveau
Lorsque la mèche en feu dont la clarté s'émousse
Se couvre en pétillant de noirs flocons de mousse.

Mais la sérénité reparaît à son tour;
Des signes non moins sûrs t'annoncent son retour.
Des astres plus brillants ont peuplé l'hémisphère,
La Lune sur son char le dispute à son frère;
On ne voit plus dans l'air des nuages errants
Flotter comme la neige éparse au gré des vents;
Ni l'oiseau de Thétis sur l'humide rivage,
Aux rayons du Soleil étaler son plumage;
Ni ces vils animaux dans la fange engraissés
Délier des épis les faisceaux dispersés...;
Même les noirs Corbeaux, bannissant la tristesse,
Annoncent les beaux jours par trois cris d'allégresse...

Non que du ciel en eux la sagesse immortelle
D'un rayon prophétique ait mis quelqu'étincelle;
L'instinct seul les éclaire; et lorsque ces vapeurs
D'où naissent tour à tour le froid et les chaleurs,
Où des vents inconstants lorsque l'humide haleine
Change pour nous des cieux l'influence incertaine,
Les êtres animés changent avec le temps...

Mais malgré ces leçons, crains-tu d'être séduit
Par le perfide éclat d'une brillante nuit?
Du Soleil, de sa sœur observe la carrière.
Quand la jeune Phœbée rassemble sa lumière
Si son croissant terni s'émousse dans les airs,
Sa pluie alors menace et la terre et les mers.
Du fard de la pudeur peint-elle son visage,
Des vents prêts à gronder c'est le plus sûr présage.
Le quatrième jour (cet augure est certain),
Si son arc est brillant, si son front est serein

Durant le mois entier que ce beau jour amène
Le ciel sera sans eau, l'aquilon sans haleine...
L'Océan sans tempêtes...
Le Soleil à son tour t'instruit, soit dès l'aurore,
Soit lorsque de ses feux l'Occident se colore;
Si de taches semé, sous un voile ennemi
Son disque renaissant se dérobe à demi,
Crains les vents pluvieux;
Si de son lit de pourpre on voit l'Aurore en pleurs
Sortir languissamment sans force et sans couleurs,
Si Phébus, à travers une vapeur grossière
Dispersant faiblement quelques traits de lumière,
Semble luire à regret, de leurs feuillages verts
Les raisins colorés vainement sont couverts.
Sous ses grains bondissants dont les toits retentissent
La grêle écrase, hélas! les grappes qui mûrissent.
Surtout sois attentif lorsqu'achevant leur tour
Ses coursiers dans la mer vont éteindre le jour,
Du pourpre de l'azur les couleurs différentes
Souvent marquent son front de leurs taches errantes.
Suivez de ces vapeurs le spectacle mouvant
L'azur marque la pluie et le pourpre le vent :
Si le pourpre et l'azur colorent son visage,
De la pluie et des vents redoute le ravage.
Je n'irai point alors sur de frêles vaisseaux
Dans l'horreur de la nuit m'égarer sur les eaux.
Mais lorsqu'il recommence et finit sa carrière,
S'il brille tout entier d'une pure lumière,
Sois sans crainte; vainqueur des humides autans
L'aquilon va chasser les nuages flottants.

Ainsi ce Dieu puissant, dans sa marche féconde,
Tandis que de ses feux il ranime le monde,
Sur l'humble laboureur veille du haut des cieux,
Lui prédit les beaux jours et les jours pluvieux.

Cette citation ne manque pas d'intérêt, car elle nous donne une preuve de la persistance de ces préjugés. En effet, dans nos campagnes, on retrouve un grand nombre de ces présages auxquels on accorde encore une certaine confiance.

Ce procédé tout empirique peut avoir un certain

intérêt, surtout si nous l'envisageons à son véritable point de vue. En effet, dans la majeure partie des cas, ces pronostics reposent sur des faits constatés et certains; répandus dans le public, ils y perdent leur valeur et au lieu de rester ce qu'ils sont, des indices plus ou moins discutables, les croyances populaires en font des théories.

II. — *Indications météorologiques modernes.*

Aujourd'hui il y a deux ordres de pronostics qui circulent dans le public. Les uns reposent sur des données scientifiques; les autres n'offrent aucun caractère sérieux.

Nous diviserons, en conséquence, l'étude des faits qui nous restent à examiner en deux catégories bien distinctes :

La première comprendra les signes du temps admis par des hommes sérieux, dont la vie a été consacrée à l'étude de la météorologie. C'est un résumé des remarques que leur expérience leur a permis de constater. Aussi, peut-on avoir une certaine confiance dans les pronostics qu'ils donnent. Ce sont les indications tirées de l'*état du ciel* et des *nuages*.

Dans la seconde, nous énoncerons les signes du temps qui ne nous paraîtront pas reposer sur des observations en opposition avec les principes de la météorologie. Ce sont les pronostics tirés des *nuages*, des *astres* et des *animaux*.

Nous voyons une différence essentielle entre ces deux catégories.

Nous étudierons spécialement la première, dans laquelle l'étude des signes du temps repose sur des bases acceptables. Il est bon de savoir, à ce propos, que ces remarques empruntées aux observations journalières des paysans ou des marins se trouvent en général consacrées par l'expérience. Une sorte d'instinct guide dans cette voie les hommes qui vivent en plein air ; ils ont leur météorologie particulière, ne reposant souvent sur aucune théorie, s'appuyant même sur des théories absurdes, mais énonçant des faits vrais dont la météorologie doit profiter.

III. — *Indications tirées de l'état du ciel.*

Les signes du temps dans lesquels on peut avoir une certaine confiance sont les suivants : nous les avons empruntés aux travaux de deux savants dont le nom est un sûr garant de longues et sérieuses études. L'amiral Fitz Roy [1] en a indiqué un certain nombre ; les autres sont signalés par M. le comte de Gasparin [2].

Lorsque le ciel est rosé, même alors qu'il serait nuageux, au coucher du soleil, c'est un signe de beau temps.

[1] Fitz Roy, *Manuel barométrique.*
[2] De Gasparin, *Cours d'agriculture.*

Un ciel pâle et de couleur indécise est un indice de pluie ou de vent. On peut craindre les mêmes phénomènes lorsque, le matin, le ciel est rouge.

On peut présager du vent si l'aurore paraît au-dessus d'une couche de nuages.

On a des chances d'observer du beau temps et des vents assez faibles quand on voit des nuages à contours indécis; ce sont des vents violents au contraire si les nuages sont épais et présentent des contours bien définis. Un ciel bleu foncé indique du vent. Un ciel bleu clair indique le beau temps. Si les nuages paraissent légers, on peut craindre de la pluie, mais il y a peu de chances que l'on ait du vent; s'ils sont épais et déchiquetés, le vent sera fort.

La couleur du ciel, au coucher du soleil, varie et peut donner des indications précieuses: si le ciel est jaune brillant à ce moment, on aura du vent; s'il est jaune pâle, de la pluie. Les diverses teintes qui l'accompagnent variant du rouge au gris peuvent fournir des signes d'une grande précision surtout lorsque l'on ajoute à ces signes les indications des instruments.

La pâleur du soleil annonce la pluie, car on ne le voit alors qu'à travers un air chargé de vapeurs; lorsqu'on éprouve une chaleur étouffante, c'est encore un signe de pluie, dans ce cas l'atmosphère saturée de vapeurs est plus apte à s'échauffer, à cause de sa faible transparence.

IV. — *Indications tirées des nuages et des astres.*

De petits nuages couleur d'encre annoncent la pluie. Des nuages légers courant au devant de masses épaisses présagent du vent ou de la pluie. Si ces petits nuages sont seuls, la vitesse de leur course peut indiquer, avec un peu d'expérience, la force du vent.

Lorsqu'on voit les nuages des couches supérieures filer dans une direction opposée à eelle des nuages inférieurs, on doit prévoir un changement de vent à peu près certain.

Les premiers signes d'un changement lorsque le temps est beau, peuvent être indiqués par des bandes légères de nuages qui augmentent et assombrissent le ciel. On peut tirer un pronostic sûr de leur hauteur et de leur éloignement suivant lesquels le changement varie.

Le beau temps est généralement accompagné de nuages de formes mal définies; il est indiqué par les teintes fines et délicates qui colorent le ciel. Des tons violents, avec des nuages aux contours saillants et nettement tranchés, annoncent de la pluie et quelquefois du vent.

Lorsque les nuages semblent s'accrocher sur les hauteurs où ils se sont formés, s'ils s'y maintiennent en descendant, la pluie est à craindre; le beau temps, au contraire, arrivera, si les nuages s'élèvent dans l'atmosphère.

Si le vent inférieur augmente beaucoup et que les nuages des couches élevées marchent en sens inverse, ce que l'on reconnaît à la marche des nuages, on peut présager que le vent inférieur va être remplacé par le vent supérieur.

Les nuages qui semblent ne pas marcher n'indiquent que la continuité du vent, lorsqu'ils sont situés du côté où souffle le vent; ils annoncent sa fin s'ils apparaissent du côté opposé.

La couleur pâle de la lune, les cercles concentriques plus ou moins obscurs dont elle est entourée, l'auréole lumineuse qui s'étend autour d'elle, ce qui fait dire généralement que la lune *baigne*, sont des signes avant-coureurs de la pluie.

Quand les oiseaux de mer prennent leur vol, le matin, vers le large, on aura du beau temps ou des brises modérées. S'ils ne quittent pas les côtes ou s'envolent dans les terres, c'est un signe de tempête.

On verra plus loin différents signes que l'on peut tirer de l'observation des animaux. Sans accorder une confiance absolue dans les variations qu'ils indiquent, on peut s'en servir pour contrôler les prévisions plus certaines qui sont fournies par les pronostics précédents.

La rosée annonce le beau temps, mais on ne l'observe jamais quand il vente ou quand le ciel est couvert, car, dans ce cas, les nuages s'opposent au rayonnement.

Quand le temps est remarquablement clair et qu'on peut distinguer à l'horizon des points généralement sensibles, c'est un présage de pluie, parfois de vent.

Un éclat inusité dans la lumière des étoiles, le peu de netteté dans les contours des cornes de la lune, les halos, les fragments d'arc-en-ciel sur des nuages détachés, indiquent que le vent augmentera peut-être, que l'on aura de la pluie avec ou sans vent.

Nous mettons sous les yeux de nos lecteurs, (fig. 33), l'aspect d'un halo solaire dont l'observation est due au savant membre de l'Académie des sciences, M. Alfred Cornu.

Le passage d'un ciel clair au ciel nuageux commence toujours par l'apparition de longues traînées de nuages qui indiquent la direction du vent. On voit alors des cercles concentriques se former autour de la lune. Si ces nuages s'étendent en larges bandes à travers le ciel, ils annoncent un fort vent dans les régions supérieures ainsi qu'un temps pluvieux.

Nous croyons devoir dire que les signes du temps que nous avons mentionnés ci-dessus nous semblent mériter une sérieuse attention.

On en tire des indications précieuses, surtout lorsqu'on peut faire en même temps des observations à l'aide des instruments que nous connaissons déjà, et certainement ils donnent, au point de vue des prévisions locales du temps, des éléments dont on doit tenir compte.

Nous sommes loin d'avoir la même confiance dans les autres remarques qu'on trouve signalées dans différents auteurs. Malgré cela, nous croyons devoir donner quelques-uns des indices auxquels on accorde une grande confiance afin que chacun puisse en vérifier, par soi-même, l'exactitude.

Parmi les pronostics météorologiques nous signa-

Fig. 33. — Aspect de la couronne solaire coupée par une bande de cirrus sur laquelle on aperçoit les teintes du halo.
D'après l'observation de M. Alfred Cornu.

lerons plus particulièrement ceux qui se rapportent aux prévisions de pluie et de beau temps.

Les nuages fournissent, par leurs aspects divers, des indices très connus dans le public; ils sont cependant on ne peut plus incertains, à moins qu'ils ne se trouvent appuyés par d'autres circons- tances telles que la couleur du ciel, l'éclat des étoiles.

Il n'est personne qui n'ait en effet considéré les nuages, même instinctivement, pour conjec- turer le temps probable. Aussi, de la multitude de remarques que l'on a pu faire, il s'ensuit qu'il y a peu de sujets sur lesquels les opinions soient plus vagues et plus différentes.

Cette incertitude tient nécessairement aux chan- gements rapides dans les formes des nuages suivant lesquelles les pronostics varient.

Outre les présages que nous avons indiqués plus haut on peut encore admettre que quand le vent souffle, par un temps nuageux, on doit s'attendre à de la pluie.

C'est encore un signe de pluie quand les nuages roulent les uns sur les autres et affectent des formes de rochers qui s'entassent. Quand ils viennent du sud ou changent souvent de direction, s'ils sont de couleur foncée et qu'ils viennent de l'est, on peut présager de la pluie pour la nuit; si, au contraire, ils viennent de l'ouest, c'est de la pluie pour le lendemain.

La pluie est de courte durée, quand le ciel est couvert de nuages le matin par un air tranquille, et que les rayons du soleil viennent jusqu'à nous; mais s'il règne des vents humides et que plusieurs couches de nuages existent dans l'air, la pluie tombera pendant longtemps.

Lorsque dans le ciel on aperçoit de petits nuages moutonneux et blancs au coucher du soleil, ce sont des signes de beau temps.

Si la pluie commence une heure ou deux avant le lever du soleil, il est à croire qu'il fera beau à midi ; mais si la pluie tombe une heure environ après le lever de cet astre, il est à présumer que la pluie continuera.

On conçoit que nous ne citions qu'une faible partie de ces pronostics auxquels nous refusons la sanction de la science et que ceux que nous indiquons nous ne les présentions que sous toutes réserves,

Il y a peu à ajouter à ce que nous avons déjà dit des signes tirés du soleil et de la lune.

Les étoiles fournissent aussi des indices dont on peut tenir compte ; lorsqu'elles nous semblent pâles et grossies, qu'elles scintillent peu à l'œil nu, c'est un signe de pluie. Quand le vent souffle de l'est et que les étoiles sont sensiblement plus grosses qu'à l'ordinaire, c'est encore le présage d'une pluie prochaine.

Si le ciel est parsemé d'étoiles, que ces astres soient brillants et scintillent, c'est un signe de beau temps, en été, et de froid sec en hiver.

V. — *Pronostics tirés des végétaux.*

On sait que tous ces principes nous viennent des remarques faites par les hommes des champs; il est donc naturel que pour ces hommes, vivant au milieu de la nature, les objets animés puissent leur permettre de présager le temps.

Le règne végétal, en effet, se trouve exposé, plus que tout autre, à l'action de l'air et à ses diverses variations; aussi, peut-il devenir pour nous un système de prédictions à courte échéance.

Un point d'une importance capitale dans cette étude est la question de savoir si les plantes nous indiquent les variations atmosphériques avant qu'elles ne se soient produites ou si elles ne les signalent qu'alors qu'elles se sont fait sentir, c'est un point qui reste à éclaircir; quoi qu'il en soit, les exemples de signes météorologiques tirés des végétaux sont nombreux.

Les plus connus sont ceux que donnent les végétaux suivants, d'après les remarques le plus généralement admises.

Le liseron des champs tient sa fleur fermée aux approches de la pluie.

On peut compter également sur la pluie, si le souci ou le mouron des champs tient sa fleur fermée. Dans les campagnes, le mouron a même reçu le nom significatif de *Baromètre du pauvre homme*.

C'est encore signe de pluie, si le laiteron de Sibérie tient sa fleur ouverte pendant la nuit.

Il en est de même si la tête du chardon resserre ses piquants, si la tige du trèfle se redresse et si les feuilles de beaucoup de végétaux semblent flétries.

On prétend que, si la rose de Jericho contracte ses branches, c'est un présage certain de sécheresse.

VI. — *Pronostics tirés des animaux.*

On a cru remarquer que plusieurs animaux pouvaient servir à indiquer le temps. Il est inutile, je pense, de dire combien ces indications sont illusoires, et quel faible degré de confiance on doit accorder en général à tous ces procédés empiriques.

Dans quelques pays, on emploie indifféremment une grenouille ou une sangsue que l'on place dans un bocal, de la contenance d'un grand verre, et que l'on couvre d'un morceau de toile. Il faut changer l'eau chaque semaine, en été, et chaque quinzaine en hiver. Si la sangsue reste au fond, sans mouvement, et roulée en spirale, *c'est du beau temps;* si elle se traîne vers le haut, *c'est de la pluie;* si elle paraît inquiète, *c'est du vent;* si elle paraît très agitée et se tient hors de l'eau, *c'est de l'orage;* si dans l'hiver elle reste au fond, *c'est du froid;* mais, si dans la même saison elle se tient à l'embouchure du bocal, *c'est signe de neige.*

Nous pourrons rapprocher de ce procédé de prédiction assez bizarre un moyen non moins singulier de déterminer la température de l'air.

Il nous est fourni par le grillon, si l'on en croit la revue anglaise *Nature,* à laquelle nous empruntons ce qui suit :

On avait déjà remarqué que les cris du grillon sont plus ou moins fréquents suivant l'état de la température; ils deviennent plus rapides lorsque celle-ci augmente. Voici une règle pour estimer la température de l'air par le nombre de cris lancés par le grillon dans l'espace d'une minute : « Adoptez 72 comme nombre de stridulations par minute à la température de 60° Farh. (15°6 cent.), et, pour chaque série de quatre stridulations en plus, ajoutez 1° F. (0°6 cent.); pour chaque série de quatre moins, diminuez de 1° F. » Mlle M. W. Brooke (1) a présenté le résultat d'observations faites pendant douze nuits du 30 septembre au 17 oct.,) en vue de vérifier la règle précédente. Les températures déterminées par le nombre de cris du grillon s'accordent parfaitement avec celles relevées au thermomètre.

Les signes tirés de l'état des animaux sont si nombreux qu'on ne saurait choisir entre eux. Il faut cependant en restreindre le nombre.

L'influence atmosphérique se fait encore remarquer sur les animaux et se manifeste de la manière suivante.

C'est un signe de pluie prochaine quand :

Les oiseaux dits aquatiques, tels que les cormorans ou les mouettes, abandonnent la mer pour revenir sur terre (fig. 34. Les canards, les oies vont dans

(1) Brooke, *Popular science Monthly.*

Fig. 34. — Les mouettes abandonnent le rivage. (D'après une photographie instantanée.)

leurs mares en poussant des cris et en battant des ailes ; les pies et les geais s'attroupent et jettent de grands cris ; les corneilles crient le matin d'une manière entrecoupée ou plus que de coutume ; les hérons, les buses volent bas ; les hirondelles rasent a surface des eaux ; les petits oiseaux oublient leur nourriture et fuient vers leurs nids ; les poules et les pigeons gardent leurs demeures ; les oiseaux apprivoisés se roulent dans le sable et secouent leurs ailes ; le coq chante le soir et le matin, et bat des ailes ; l'alouette et les moineaux chantent très matin ; le pinson fait entendre son cri de bonne heure près des maisons, etc.

Les ânes braient plus que de coutume ; les bœufs ouvrent leurs naseaux, regardent du côté du sud, se couchent et se lèchent ; les chevaux hennissent avec violence et gambadent ; les chats nettoient leur face et leurs oreilles ; les chiens grattent la terre avec ardeur, et un grand bruit se fait entendre dans leur ventre ; les rats et les souris font plus de bruit que de coutume, etc.

Les grenouilles et les crapauds croassent dans les fossés.

Les vers sortent de terre en abondance.

Les araignées tombent de leurs toiles ; les mouches sont plus lourdes et plus piquantes ; les fourmis gagnent à la hâte leur habitation, ainsi que les abeilles ; les cousins chantent plus que de coutume.

Mais si on les voit jouer dans les airs ou bien si les frelons, les guêpes paraissent le matin en grand nombre, que les araignées se montrent dans l'air ou sur les plantes, cela indique le beau temps.

VII. — *Pronostics divers.*

On comprend que nous n'attachions aucune importance à l'humidité qu'on peut reconnaître sur les pierres ou dans les escaliers; ou au gonflement des portes, à la chute de la suie dans les cheminées ou lorsque les mèches des lampes forment champignon, etc.

Une remarque connue du public fait considérer comme certain que les personnes atteintes de rhumatismes ou ayant des cors, ou bien celles qui ont reçu des blessures, souffrent davantage dans le membre affecté lorsque le temps doit changer; on affirme même que les souffrances varient avec les dépressions barométriques.

Nous passons volontairement sous silence une foule de signes, nous en avons donné des exemples assez nombreux.

Aussi bien, tous ces pronostics varient-ils avec les pays. Quelle confiance attribuer alors à des remarques qui se contredisent à quelques lieues de distance?

Que, dans certains cas, de nombreuses observations permettent à des gens doués d'une sorte d'instinct particulier de prédire le temps avec une certaine exactitude, cela est possible; mais leur prédiction est éminemment personnelle et se borne au lieu pour lequel elle a été faite.

En effet, les hommes qui semblent les plus habiles à observer les signes du temps ne se rendent pas compte généralement des pronostics auxquels ils obéissent et sont incapables de communiquer aux autres leur savoir, car leurs prévisions sont établies sur des caractères météorologiques extrêmement délicats et si multiples qu'ils ne peuvent établir de limite à leur instinct.

Il est incontestable que chacun pourra ajouter à cette liste que nous avons donnée plus haut une foule de présages nouveaux ; il nous semble, pour notre compte, inutile d'en citer un plus grand nombre.

Il nous reste, avant de passer à l'étude de quelques dictons populaires qui ont acquis dans le public un degré de certitude absolue, à dire un mot des prédictions populaires à longue période basées sur des dictons ou des remarques que la science n'a pu contrôler.

CHAPITRE XIV

PRÉVISIONS A LONGUE ÉCHÉANCE

I. — *Prédiction des saisons.*

On a vu combien la prédiction, dite scientifique, à longue période comporte d'incertitude ; on concevra combien celle qui est basée sur quelques remarques seulement peut être sujette à erreur.

Nous donnons, sans y ajouter la moindre foi, et comme exemple du mode de prédictions de ce genre, les règles du temps établies d'après les calculs de probabilité.

Le docteur Kirwan, en Angleterre, a tenté de poser les bases d'une nouvelle prévision du temps à longue échéance ; il cherche à déterminer le temps probable pour une saison déterminée. En comparant les observations faites en Angleterre de 1677 jusqu'à 1789, il a remarqué :

1° Que quand il n'y a pas eu d'orage avant ni après l'équinoxe de printemps, l'été suivant est généralement sec, au moins cinq fois sur six ;

2° Que quand un orage arrive de l'est le 19, le 20 ou le 21 mai, l'été suivant est sec quatre fois sur cinq ;

3° Que quand un orage a lieu le 26, le 27 ou le 29 de mai (et non auparavant), l'été suivant est également sec quatre fois sur cinq ;

4° Que quand un orage arrive de l'ouest, du 19 au 22 mars, l'été est généralement humide cinq fois sur six.

D'après les observations recueillies à Dublin pendant 41 ans le docteur Kirwan a trouvé dans ce long intervalle qu'il y avait eu :

6 printemps humides, 22 secs et 13 variables ;
20 étés humides, 16 secs et 5 variables ;
11 automnes humides, 11 secs et 19 variables.

Nous indiquons ci-dessous un tableau dans lequel M. Kirwan a rangé les résultats qu'il a conclu de ses recherches. La dernière colonne du tableau indique le degré de probabilité dans la détermination du temps de la saison suivante, d'après les caractères d'une saison donnée :

			Fois.	Probabilités.
Printemps sec.	Par un Été	Sec.	11	11/22
		Humide.	8	8/22
		Variable.	3	3/22
— humide.		Sec.	0	0
		Humide.	5	5/6
		Variable.	1	1/6
— variable.		Sec.	5	5/13
		Humide.	7	7/13
		Variable.	1	1/13
Été sec.	Ont été suivis par un Automne.	Sec.	5	5/10
		Humide.	5	5/10
		Variable.	6	6/10
— humide.		Sec.	5	5/20
		Humide.	3	3/20
		Variable.	12	12/20
— variable.		Sec.	1	1/5
		Humide.	3	3/5
		Variable.	1	1/3
Printemps et Été secs.		Sec.	3	3/11
		Humide.	4	4/11
		Variable.	4	4/11
Printemps sec. Eté humide.		Sec.	2	2/8
		Humide.	0	0
		Variable.	6	6/8
Printemps humide. Eté sec.		Sec.	0	0
		Humide.	0	0
		Variable.	0	0
Printemps et Été humides.		Sec.	2	2/5
		Humide.	1	1/5
		Variable.	2	2/5
Printemps humide et Été variable.		Sec.	1	1/41
		Humide.	0	0
		Variable.	0	0
Printemps sec et Été variable.		Sec.	0	0
		Humide.	2	2/3
		Variable.	1	1/3
Printemps variable et Été sec.		Sec.	2	2/4
		Humide.	0	0
		Variable.	2	2/4
Printemps variable et Été humide.		Sec.	1	1/7
		Humide.	1	1/7
		Variable.	5	5/7
Printemps et Été variables.		Sec.	0	0
		Humide.	1	1/41
		Variable.	0	0

Nous indiquons ces différents résultats car on peut les vérifier dans nos contrées, le climat de France différant peu de celui de l'Angleterre, à cette réserve près que l'humidité est moindre chez nous que chez nos voisins.

Pour les personnes que cette étude pourrait intéresser, nous indiquons ci-dessous quelques remarques qu'il sera facile de contrôler.

Cette sorte de prédiction présenterait, si on pouvait avoir en elle une confiance quelconque, un intérêt considérable au point de vue de l'agriculture.

En effet, s'il existait un rapport entre les diverses saisons, de telle sorte que le temps que l'on a remarqué à une époque permette d'établir celui qui dominera à un autre moment, ce serait le premier pas fait dans la voie des prédictions météorologiques à longue période.

1º Un *automne humide et un hiver doux* sont généralement suivis d'un printemps froid et sec qui retarde beaucoup la végétation.

2º *Si l'été est très pluvieux*, on doit s'attendre à un hiver rigoureux ; car l'évaporation excessive qui a eu lieu a dû enlever à la terre beaucoup de chaleur. Les étés humides font produire beaucoup de graines à l'épine blanche, aux queues-de-renards et autres plantes ; de là l'opinion que la fécondité de ces plantes annonce un hiver rigoureux.

3º L'*apparition des grues* et autres oiseaux de passage, de bonne heure, dans l'automne, indique un hiver rigoureux ; car c'est une preuve qu'il est déjà commencé dans les contrées du nord.

4º *Quand il pleut abondamment en mai*, il pleuvra, mais pas beaucoup, en septembre et *vice versa*.

5º *Quand le vent souffle du sud-ouest pendant l'été ou*

l'automne, que la température de l'air est très froide pour la saison, et que le baromètre baisse, on doit s'attendre à beaucoup de pluie.

6° *Les violentes tempêtes, les orages ou les grandes pluies* produisent une espèce de crise dans l'atmosphère, laquelle constitue le temps d'une manière fixe pendant plusieurs jours ou plusieurs mois au beau ou au mauvais.

7° *Un hiver pluvieux* annonce une année stérile ; un *automne rigoureux* présage un hiver venteux.

Toutes ces remarques, basées sur des observations peu méthodiques, ne résistent pas à une discussion sérieuse.

Il a été impossible, jusqu'à ce jour, d'établir aucune relation certaine entre les variations des saisons.

L'erreur de ces sortes de prédictions repose sur l'incertitude de ce que chaque météorologiste appelle, été chaud, automne humide ou hiver pluvieux ; de plus, instinctivement, sans mauvaise foi, les faiseurs de systèmes plient généralement les observations aux exigences de leur théorie et ne donnent ainsi que des résultats incertains.

II. — *Discussion de la prévision des saisons.*

Nous allons soumettre deux des indications précédentes au contrôle de quelques chiffres qui permettront de fixer l'opinion sur le compte des visions dont il s'agit.

Si l'été a été très pluvieux on doit s'attendre

à un hiver rigoureux. Nous avons relevé les hauteurs de pluies tombées pendant les étés des années comprises entre 1859 et 1870 et nous les comparons au même travail fait pour les températures des hivers compris dans le tableau ci-dessous :

	Quantité de pluie tombée pendant les étés des années	Température moyenne des hivers pendant les années
	mm	o
1850............	128,4	+ 12,2
1851...........	106,1	16,7
1852...........	156,0	15,6
1853...........	153.2	11,8
1854............	264,6	16,2
1855...........	73,7	6,4
1856...........	216,9	16,5
1857...........	174,3	11,9
1858...........	112,1	11,4
1859...........	153,6	17,6
1860...........	130,3	11,1
1861...........	127,4	11,7
1862...........	125,2	17,2
1863...........	82,8	14,6
1864...........	104,9	11,4
1865...........	115,6	8,4
1866...........	163,3	17,8
1867...........	177,5	15,3
1868...........	143,7	13,5
1869...........	164,6	14,5
1870...........	53,7	9,1

L'étude de ces chiffres fait apparaître d'abord les résultats suivants :

Minima de pluie.	Températures correspondantes.
106 mm,1	+ 16°,7
73 mm,7	6°,4
82 mm,8	14°,6
104 mm,9	11°,4
53 mm,7	9°,1

On peut voir que le hasard seul a groupé ces nombres. Cependant s'il était permis de tirer une prévision de leur discussion on serait amené à faire concorder les hivers les moins pluvieux aux températures minima.

Les résultats suivants ne laissent aucun doute sur le peu de régularité du phénomène et montrent combien les maximum de pluie concordent peu avec les températures basses.

A 156ᵐᵐ,0 de pluie, correspondent les températures + 15°,6
153ᵐᵐ,2 — — — 11°,8
264ᵐᵐ,6 — — — 16°,2
216ᵐᵐ,9 — — — 16°,5
174ᵐᵐ,3 — — — 11°,9
153ᵐᵐ,6 — — — 17°,6
163ᵐᵐ,3 — — — 17°,8
177ᵐᵐ,5 — — — 15°,3
164ᵐᵐ,5 — — — 14°,5

Ce point écarté, il reste à vérifier la remarque suivante : *Quand il pleut en mai, il pleuvra,* MAIS PEU, *en septembre* ET VICE VERSA.

Recourant toujours au même procédé de vérification, nous allons comparer les moyennes mensuelles de pluie des mois de mai et celles de septembre pendant vingt années consécutives.

	Pluie tombée en mai.	Pluie tombée en septembre.
	mm	mm
1850..............	55,5	29,3
1851,.............	31,8	23,1
1852.............	64,6	69,1
1853.............	48,0	26,0
1854.............	70,3	12,5
1855.............	18,6	10,0
1856.............	117,5	58,9

	Pluie tombée en mai.	Pluie tombée en septembre.
1857.............	50,5	71,7
1858.............	40,8	17,5
1859.............	39,0	73,6
1860.............	59,3	76,3
1861.............	27,6	43,8
1862.............	50,1	50,7
1863.............	27,3	59,0
1864.............	28,9	47,2
1865.............	75,4	52,2
1866.............	48,5	92,7
1867.............	77,1	42,0
1868.............	23,3	49,6
1869.............	105,8	50,0
1870.............	47,7	38,3

Il est à peine besoin de faire remarquer que les
minima de mai n'impliquent pas les maxima en
septembre. On a en mai et en septembre :

En mai.	En septembre.
$31^{mm},8$	$23^{mm},1$
$18^{mm},6$	$10^{mm},0$
$27^{mm},6$	$43^{mm},8$
$27^{mm},3$	$59^{mm},0$
$28^{mm},9$	$47^{mm},2$
$23^{mm},3$	$49^{mm},6$

Si les nombres précédents laissaient quelques
doutes, la comparaison des maxima de mai avec
les minima de septembre les lèveraient bientôt.

Du reste, d'après les données fournies par l'Observatoire de Montsouris pendant cent quatre-
vingts années, la moyenne de pluie tombée

En mai est égale à................	$46^{mm},1$
En septembre est égale à..........	$41^{mm},1$

La petite différence ci-dessus disparaît complètement lorsqu'on compare les observations d'un siècle seulement, on trouve les deux résultats :

En mai il est tombé.............   46^{mm},8 d'eau
En septembre il est tombé....   45^{mm},2 —

Il est inutile de pousser plus loin cette discussion établie dans le but de montrer comment on doit toujours soumettre à la sanction d'observations longues et sérieuses, les données incomplètes sur lesquelles sont basées les prédictions populaires.

III. — *Les probabilités de beau temps.*

Nous ne pouvons faire autrement que de mentionner un travail intéressant fait en Belgique par M. Lancaster (1).

M. Lancaster est trop savant et trop consciencieux pour donner l'étude qu'il présente comme une prévision du temps ; il l'indique surtout à un point de vue de curiosité scientifique. Il a su, du reste, tirer de ses recherches les conclusions les plus intéressantes.

Il résulte de l'examen d'un grand nombre d'observations qu'on peut remarquer des périodes assez fixes de beau ou de mauvais temps, malgré l'apparente variabilité du temps. C'est l'étude de ces périodes que M. Lancaster tente de faire apparaître à travers les moyennes d'observations recueillies.

Lanc aster, *Ciel et Terre.*

En exprimant par 100 le beau temps absolu, M. Lancaster a relevé les diverses modifications du temps en leur attribuant une certaine valeur; il en a conclu le tableau suivant :

I. — *Probabilités de beau temps à Bruxelles.*

(100 = maximum de probabilité.)

	Avril.	Mai.	Juin.	Juillet.	Août.	Septembre.
1	50	28	56	30	50	50
2	54	44	58	30	54	42
3	38	40	48	38	36	40
4	48	36	46	42	52	48
5	50	52	52	40	56	46
6	46	54	44	52	40	54
7	48	52	42	48	46	40
8	38	52	48	34	32	44
9	30	34	54	36	38	40
10	40	28	40	44	48	52
11	46	28	46	00	38	50
12	38	40	40	74	54	80
13	30	40	32	58	56	52
14	44	34	52	62	46	46
15	40	38	56	70	38	46
16	46	46	54	46	48	50
17	24	44	38	34	40	46
18	52	42	48	52	50	38
19	56	50	50	38	38	48
20	64	58	54	48	46	48
21	46	62	56	60	32	38
22	52	56	38	54	46	144
23	34	48	46	50	46	34
24	34	42	38	38	38	30
25	46	62	34	42	50	64
26	40	52	44	42	46	64
27	44	48	50	44	40	68
28	34	46	44	52	48	44
29	42	40	42	42	30	48
30	46	48	38	66	46	52
31		44		54	44	
Moyennes	43,3	44,8	46,3	47,7	44,3	48,2

Maxim. 64 (le 20), 62 (les 21, 25), 58 (le 2), 74 (le 12), 56 (les 5, 13), 80 (le 12)
Minim. 24 (le 17), 28 (les 1, 10, 11), 32 (le 13), 30 (les 1, 2), 30 (le 29), 30 (le 24)

Après avoir indiqué des probabilités *semblables* en ce qui concerne la nébulosité du ciel, le nombre de jours et la quantité de pluie, M. Lancaster, par la discussion du tableau ci-dessus, continue en ces termes :

« Le jour qui offre le plus de chances de beau temps est le 12 septembre, celui qui en offre le moins est le 17 avril, le 12 juillet est encore très favorable, les 1er, 10 et 11 mai le sont très peu. Certaines périodes sont nettement caractérisées :

Du 18 au 22 avril, la probabilité croît rapidement après le maximum du 17.

Du 9 au 15 mai, probabilités très faibles, 0.35 en moyenne.

Du 18 au 22 mai, assez fortes probabilités, 0.58 en moyenne.

Du 11 au 15 juillet, période très favorable, 0.65 en moyenne.

Du 10 au 13 septembre, période très favorable, 0.58 environ.

Du 21 au 24 septembre, période très défavorable, 0.37 seulement.

Enfin du 25 au 27 septembre les probabilités remontent jusqu'à 0.65. »

On peut, au moyen du tableau précédent, rechercher les probabilités de beau temps pour des périodes quelconques, de dix, de quinze, de vingt jours si l'on veut. Pour connaître la période de dix jours la plus favorable on prendra successivement la moyenne des valeurs du 1er au 10 avril exclusivement, du 2 au 11 et on trouverait ainsi que la période du 11 au 21 juillet présente les plus grandes chances de beau temps.

Il serait facile de poursuivre ces remarques ainsi que les résultats que l'on en peut tirer ; nous nous bornerons à ce qui précède.

Nous n'avons pas eu, jusqu'ici, l'occasion de parler des prévisions hydrologiques, c'est-à-dire de l'annonce des inondations.

Un service spécial centralise, en France, toutes les observations relatives au régime des eaux. Pour la Seine, ce service a été organisé par M. Belgrand.

On pourrait croire qu'il suffit, pour prédire les crues, d'observer la quantité d'eau tombée et d'en déduire la valeur probable d'eau qui va au fleuve, il n'en est rien, la pluie est en grande partie absorbée par le sol et par les plantes, une partie s'évapore et la quantité qui va à la rivière varie considérablement suivant la nature du terrain, de la culture, etc.

Pour prédire la crue de la Seine, on a imaginé de la déterminer de la façon suivante : on note exactement la montée des affluents et on la télégraphie à Paris ; on introduit ces valeurs dans une formule déduite de longues observations et on obtient un résultat exact à quelques centimètres près.

Le temps de propagation de la crue est de 3 jours et demi dans les cas de crues les plus rapides, de 6 jours dans d'autres cas.

Nous indiquons ici quelques détails de la crue exceptionnelle du mois de mars 1876, qui inonda en grande partie le terrain compris entre Mantes et Paris. On peut suivre sur la fig. 35 les crues successives des affluents qui ont produit la crue

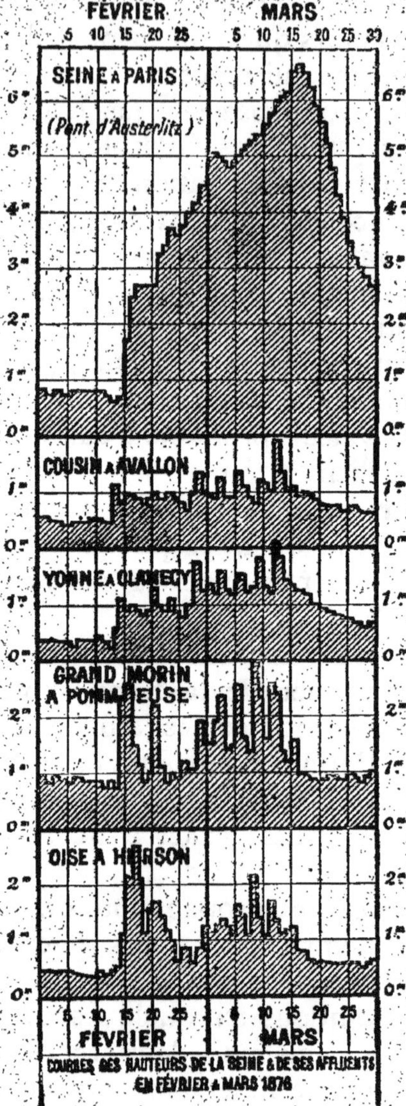

Fig. 35 — Crue de la Seine en 1876

énorme de la Seine, marquée à Paris, le 17 mars, au pont d'Austerlitz, par la hauteur maximum de 6^m,68.

Les riverains avertis d'avance avaient pu prendre les précautions nécessaires; le service hydrométrique avait annoncé : le 13 pour le 16 mars la cote 6^m,50 au pont d'Austerlitz; le 14 pour le 17 la cote 6^m,70. Or, les valeurs observées ont donné, pour le 16, 6^m,50; pour le 17, 6^m,68.

Afin qu'on puisse se rendre compte de la crue dont il est question plus haut, nous donnons ci-dessous le tableau des cotes les plus élevées qui aient été observées sur la Seine :

Février 1649	7^m,66	3 janvier 1802	7^m,45
25 janvier 1651	7^m,83	3 mars 1807	6^m,70
27 février 1658	8^m,81	17 décembre 1836	6^m,40
— 1690	7^m,55	17 décembre 1872	5^m,85
Mars 1711	7^m,62	17 mars 1876	6^m,68
26 décembre 1740	7^m,90	7 décembre 1882	6^m,12
Février 1764	7^m,33	5 janvier 1883	6^m,24

IV. — *Périodicité des hivers rigoureux.*

Une autre recherche s'appliquant toujours à l'étude des périodes a encore tenté d'autres météorologistes, je veux parler de la périodicité des hivers rigoureux. Un savant travail dû à M. Renou signale une période de vingt années dans le retour des grands hivers, qui ne seraient séparés que par des hivers relativement doux. Ces hivers particulièrement rigoureux que M. Renou appelle *hivers centraux* sont distants les uns des autres de quarante et un ans environ.

Le tableau suivant indique ces hivers périodiques. Les chiffres gras indiquent les *hivers centraux*.

1400	1511	1608	1695	1766
1416	1512	1616	1696	1767
1420	1524	1621	**1707**	1768
1422	**1538**	**1624**	1709	
	1542	1625	1716	1776
1432	1544	1633		1784
1458	1548	1636	1729	**1789**
1460		1638	1740	1795
1464	1565		1742	1799
1469	1571	1656	1745	**1802**
	1572	1658	1747	
1490	**1582**	1660	**1748**	1820
1494	1584	1663	1754	1823
1499	1591	**1665**	1755	1829
1500	1595	1670	1757	**1830**
1503		1672	1758	1838
1508	1603	1677	1763	1841

L'une des grandes difficultés de ce travail c'est l'appréciation de la rigueur d'un hiver, il ne suffit pas, en effet, qu'un hiver ait présenté quelques jours de grand froid pour que cette saison ait été rigoureuse, aussi M. Renou a-t-il dû tenir compte de la durée et de l'intensité du froid.

Pour lui, un grand hiver est caractérisé par des roids de — 15 à — 18 et des moyennes d'un ou plusieurs degrés au-dessous de zéro pendant un mois ou deux.

Cette manière de voir n'a pas été partagée par M. Koppen qui a donné des conclusions absolument différentes de celles du météorologiste français. Ce second auteur, après avoir donné des coefficients divers aux hivers considérés, n'admet que ceux qui sont caractérisés par une cote donnée. D'après ses recherches, voici la liste des hivers rigoureux :

462, 605, 717, 764, 822, 860, 864, 874, 880, 881, 893, 913, 928, 975, 991, 994, 1020, 1044, 1047, 1060, 1074, 1076, 1077, 1124, 1125, 1126, 1133, 1143, 1157, 1179, 1210, 1216, 1225, 1234, 1236, 1257, 1269, 1272, 1276, 1282, 1305, 1316, 1318, 1323, 1363, 1392, 1407, 1408, 1420, 1422, 1423, 1432, 1434, 1435, 1442, 1443, 1458, 1460, 1490, 1491, 1492, 1503, 1514, 1518, 1534, 1544, 1548, 1565, 1568, 1570, 1571, 1573, 1587, 1589, 1594, 1595, 1599, 1600, 1601, 1603, 1608, 1612, 1621, 1622, 1624, 1635, 1638, 1655, 1658, 1660, 1665, 1667, 1670, 1674, 1680, 1684, 1695, 1697, 1709, 1716, 1726, 1729, 1740, 1744, 1755, 1760, 1763, 1766, 1767, 1768, 1771, 1776, 1784, 1785, 1789, 1795, 1799.

Les chiffres gras indiquent les hivers très rigoureux.

On peut se rendre compte des divergences remarquables des deux tableaux et du faible nombre de coïncidences qui rapprochent les recherches des deux météorologistes. L'auteur allemand cherche quel est l'intervalle qui ramène les grands hivers et il dresse les tableaux suivants dans lesquels les chiffres gras indiquent les hivers très rigoureux, les chiffres ordinaires, les hivers rigoureux et les chiffres en italique, les hivers moins rigoureux.

A	B	C	D	E
1216 (18)	1234	— (42)	*1276*	— (29)
	(129)		(132)	
— (40)	1363 (29)	1392 (16)	1408 (15)	1423 (12)
	(128)		(126)	
— (48)	1491	— (40)	*1534*	— (31)
(392)	(133)	(266)	(133)	(261)
1608 (16)	1624 (34)	1658 (9)	1667 (17)	1684 (11
(132)	(131)	(131)	(132)	(130)
1740 (15)	1755 (34)	1789 (10)	1799 (15)	1814 (16

F		G		H		A
1305	(11)	1316	(7)	1323		—
(130)		(127)				
1485	(8)	1443		—		—
(130)		(130)				
1565	(8)	1573		—	(37)	1608
(130)		(136)		(393)		(132)
1695	(14)	1709	(7)	1716	(24)	1740
(135)		(129)		(129)		(136)
1830	(8)	1848	(7)	1845	(30)	1875

Faisons remarquer, en passant, combien ce tableau se rapproche du précédent.

Si l'on parcourt, en suivant l'ordre chronologique, le tableau que nous venons de donner, on ne remarque aucune périodicité. L'auteur y voit cependant accusée une périodicité de cent trente ans, mais sa manière de considérer les choses n'est pas celle qui se présente tout d'abord à l'esprit. Le retour périodique d'un hiver rigoureux après cent trente ans n'exclut pas, d'après son système, l'apparition pendant cet intervalle, d'autres hivers rigoureux; ces hivers sont séparés, par la même période, d'autres hivers, avec lesquels ils correspondent. Il y a, d'après M. Koppen, huit séries périodiques A, B,..... H, qui s'entremêlent, tout en restant parfaitement distinctes les unes des autres. Ainsi, en prenant l'hiver de 1565, on voit qu'il correspond aux hivers de 1435 et de 1305, en remontant, et aux hivers de 1695 et de 1830 en se rapprochant de l'époque actuelle; mais dans l'intervalle de 1305 à 1435 se place d'abord l'hiver rigoureux de 1316, auquel correspond 127 (environ 130) ans après, celui de 1443, qui tombe entre 1435 et 1565, etc.

Ces différents travaux donneront une idée des

Fig. 36. — Courbes isochimènes, isothermes et isothères, en Europe (page 294).

études que l'on peut tenter dans ce genre de recherches; il n'en est pas moins curieux de considérer combien nos connaissances sur ce sujet laissent encore à désirer. En effet, les météorologistes sont contraints, dans ces sortes de travaux, d'opérer sur des moyennes, or, on sait que les moyennes font disparaître les caractères particuliers des phénomènes en leur assignant des valeurs qu'ils n'ont jamais accusées.

Puisque nous avons l'occasion de rappeler l'attention sur la question des moyennes, il nous semble qu'il est bon d'indiquer, ainsi qu'on peut le voir dans la figure 36, les moyennes du climat de l'Europe.

Nous avons indiqué précédemment, à la page 101, ce qu'on entend par ligne isochimène (égal hiver), isotherme (égale chaleur), isothère (égal été), nous croyons inutile d'en reparler.

La figure que nous donnons a l'avantage d'indiquer, au premier coup d'œil, les rapports de ces différentes valeurs et permet de suivre les courbes bizarres dans la marche de ces phénomènes.

On a, en effet, une singulière idée du climat d'un pays si on le représente par une moyenne. Si cette valeur est égale à 10° par exemple, qu'en pouvons-nous conclure?

C'est donc un écueil qui semble fatal à toutes les recherches de périodes, pour la météorologie; cet obstacle tombera-t-il devant les progrès des siècles prochains? je l'ignore; toujours est-il que, dans l'état actuel de nos connaissances, il me semble impossible d'arriver à déterminer une période quelconque.

Pour s'en rendre compte, on n'a qu'à penser au nombre incalculable de phénomènes différents que l'on a rapprochés de la période encore mal connue des maxima et minima des taches du soleil, sans qu'ils aient entre eux le moindre rapport.

Quoi qu'il en soit, l'intérêt de ces recherches de probabilité n'échappera à personne et l'on peut être certain que tous les travaux faits dans cette voie seront favorablement accueillis.

CHAPITRE XV

LES PRÉDICTIONS POPULAIRES

Il est inutile de dire que les probabilités qui ont fait l'objet du chapitre précédent n'ont rien de fixe et peuvent se trouver modifiées par les divers agents atmosphériques : il était intéressant néanmoins de signaler ces recherches, car elles feront peut-être naître dans l'esprit de quelqu'un un mode de probabilité ignoré jusqu'ici qui pourra rendre de sérieux services à l'agriculture ou à la marine.

I. — *Les Almanachs prophétiques.*

Nous avons la bonne fortune de pouvoir mettre sous les yeux de nos lecteurs un spécimen fort curieux des almanachs prophétiques.

Il y a cent ans, ces sortes de recueils ne se contentaient point de prédire le temps à venir, ils indiquaient encore les jours propices aux opérations les plus diverses : sevrer les enfants, fumer la terre ou se couper les ongles.

M. de Montbeillard a offert une collection de ces singuliers almanachs au Bureau central météorologique et M. Angot (1), l'un des chefs de service de cet établissement, en a publié quelques pages que nous reproduisons ci-dessous.

Nous n'attacherons pas plus d'importance qu'il ne convient à ce singulier recueil, et nous nous contenterons de vérifier les prédictions du sieur Maribas.

Les observations de Guéneau de Montbeillard nous permettent de contrôler les prévisions de l'*Almanach fidèle* qui sont représentées par les signes de la 2ᵉ colonne dans la fig. 38.

Les prédictions indiquaient sept jours de pluie en mars 1785, les 1ᵉʳ, 6, 11, 17, 18, 29 et 31, et deux jours de neige, les 5 et 9. En réalité, il a plu, et encore très faiblement, trois jours seulement, les

(1) Angot, *Science et Nature.*

Fig. 37. Reproduction photographique du titre de l'*Almanach fidèle*.

Observations pour l'An de Grace 1781.

DU commencement du Monde, 7781. Depuis la Nativité de JESUS-CHRIST. 1781. Depuis la réforme du Calendrier Grégor. 199. Nombre d'Or, 15 Cycle Solaire, 26 Indiction, 14. Epacte 4 Lettre Do. G.

Fêtes Mobiles.

La Septuagés., 11 Fév
Les Cendres, 28 Fév:
PASQUES, 15 Avril.
Les Rog. 21, 22, 23 Mai.
L'Ascension, 24 Mai.
LA PENTEC., 3 Juin.
La Trinité, 10 Juin.
La Fête-Dieu, 14 Juin.
L'avent, 2 Décembre.

Les Quatre-Temps.

Les 7, 9, & 10. Mars.
Les 6, 8, & 9 Juin.
Les 19, 21 & 22 Sept.
Les 19, 21 & 22 Déc.

Temps pour se marier.

Suivant le Décret du S. Concile de Trente, il est permis de se marier en tous tems aux personnes capables de recevoir ce Sacrement, excepté depuis l'Avent jusqu'aux Rois: & depuis les Cendres jusqu'à QUASIMODO.

Explication des Figures du Calendrier.

Nouvelle Lune,
Premier quartier,
Pleine Lune,
Dernier Quartier,
Devant midi,
Après-midi,
Bon saigner,
Très bon saigner,
Bon ventouser,
Bon prendre Médecine
Bon prendre Pilule,
Bon sevrer les Enfans,
Bon faire les cheveux,
Bon couper les ongles
Bon semer & planter,
Bon couper du bois,
Bon fumer la terre,
Bon traiter les yeux,
Jour de beau temps,
Jour de chaleur,
Jour venteux,
Brouillard, nébuleux,
Tonnerre ou éclairs,
Pluie,
Neige,
Froid,
Jour de Dimanche,
Jour de Fête,
Jour ouvrable,

Fig. 38. — Indication des signes de l'*Almanach fidèle*.

8, 9 et 10; il a bien neigé deux jours, mais le 12 et le 28. Aucune des prédictions concernant la pluie ou la neige ne s'est donc vérifiée, ce qui n'est vraiment pas de chance. Pas beaucoup plus de succès

MARS.

Le Soleil en ARIES *se leve à* 6 *heu.* 32 *minutes*
& se couche à 5 *heu.* 29 *minutes.*

mard	1 s. Aubin, év.		C Dem. quart.
merc	2 s. Simplice		le 4 à 5 h. 1 m.
jeudi	3 ste. Cunegon.		du matin, au si-
vend	4 s. Casimir		gne du Sagitt.
same	5 s. Sifroy, év.		La lune en qua-
4. D.	6 Lætare.		drature avec Mars
lundi	7 ste. Perpétue.		nous promet en-
mard	8 s. Jean de D.		core quelques gi-
merc	9 ste. Françoise		boulées.
jeudi	10 s. Droctovée.		◉ Nouv. lune
vend	11 Les 40 Mart.		le 10 à 10 heu.
same	12 s. Grégoire		38 m. du soir, au
5. D.	13 Judica		signe des Poiss.
lundi	14 ste. Mathilde.		Le temps sera
mard	15 s. Zacharie.		assez tranquille
merc	16 ste. Eusebie.		& les vents fort
jeudi	17 ste. Gertrude.		incommoder.
vend	18 s. Cyrille.		) Prem. quart.
same	19 s. Joseph.		le 17 à 6 h. 13
6. D.	20 Les Rameaux		min du soir, au
lundi	21 s. Paul, évêq.		signe des Gem-
mard	22 s. Odon.		meaux. Nous au-
merc	23 s. Victorin.		rons quelques ge-
jeudi	24 s. Agapet.		lées blanches sui-
vend	25 Vend. Saint.		vies de pluie.
same	26 s. Gontran.		◉ Pleine lune le
Dim.	27 PASQUES.		25 à 10 h. 15 m.
lundi	28 s. Ludger, év.		du soir, au sig.
mard	29 s. Eustase.		de la Balance.
merc	30 s. Rieul, év.		Temps incons-
jeudi	31 s. Acace.		tant.

Fig. 39. — Prédictions de l'*Almanach fidèle.*

non plus pour la température : le froid est annoncé pour les 2, 3, 8 et 25 et la chaleur pour
le 22 et le 23. Le 1er, on aurait pu croire que
prédiction de froid pour le 2 se réaliserait;

le 1ᵉʳ mars 1785, en effet, il a fait très froid ;
c'est même, par extraordinaire, le jour le plus
froid de tout cet hiver, et le thermomètre de Guéneau de Montbeillard marque près de 15 degrés
au-dessous de zéro ; mais ne voilà-t-il pas que la
température remonte brusquement et qu'il fait
4 degrés au-dessus de zéro le 2 et plus de 6 degrés
le 3, jours où Maribas annonçait le froid. Il aurait
dû faire chaud le 23 et froid le 25 ; la température,
après s'être élevée à 7 ou 8 degrés le 20 et le 21,
reste au-dessous de zéro toute la journée du 23,
jour de chaleur, et remonte à 5 degrés au-dessus
le 25, jour de froid. En dehors de ces prédictions
journalières Maribas donne des prévisions générales pour les quatre saisons ; leur lecture est aussi
amusante qu'instructive :

« L'*Hiver*. Cette horrible saison, dont l'univers
et surtout les vieillards redoutent les rigueurs, a
commencé le 21 décembre, à trois heures cinquante
et une minutes du matin, au signe du Capricorne,
qui nous promet grande sécheresse.

« Le *Printemps*. Cette saison chérie, dont les
commencements font renaître la nature, doit revenir pour nous combler de joie, et remplir nos
espérances, le 20 mars, à cinq heures trente-cinq
minutes du matin, au signe du Bélier.

« L'*Été*. Cette incomparable saison, où à l'ombre
d'un verd feuillage, la charmante Alexis reçoit en
souriant les vœux de son berger Coridon, doit revenir le 21 juin, à trois heures quarante-quatre
minutes du matin, au signe de l'Écrevisse.

« L'*Automne*. Nous espérons que le Dieu de la
Treille remplira, cette automne, tous nos celliers

de sa liqueur abondante. Cette saison commencera le 22 septembre, à cinq heures dix-huit minutes du soir, au signe de la Balance. »

Les prédictions du sieur Maribas ont, sur les prophéties modernes, l'avantage d'être parfois amusantes, c'est à ce seul titre que nous les avons indiquées.

De nos jours, les pédants ignorants qui font les almanachs se contentent de tromper honteusement les populations assez crédules pour ajouter foi aux absurdités entassées dans ces sortes de recueils.

II. — *Les proverbes et les dictons météorologiques.*

Pour compléter ce que nous avons dit des prédictions coutumières, il nous reste à signaler quelques-uns des proverbes ruraux qui ont cours dans nos campagnes.

On y reconnaîtra le souci constant du cultivateur indiquant ou cherchant à prévoir les influences heureuses ou néfastes des saisons sur ses travaux.

> Printemps sec, été pluvieux.
> Hiver doux, printemps sec.
> Hiver rude, printemps pluvieux.
> Été sec, hiver rigoureux.
> Été orageux, hiver pluvieux.
> Bel automne, printemps pluvieux.
> Été humide, automne serein.

En dehors de ces dictons, il y a ceux qui se rapportent spécialement à l'influence d'une époque déterminée de l'année. Nous aurons occasion de les discuter à la fin de cet ouvrage.

La science du temps, que nous avons appelée *coutumière*, est pratiquée depuis bien longtemps par le laboureur, le montagnard ou le marin qui ont recueilli, sous une forme burlesque, parfois triviale, les fruits d'une longue expérience dont nous devons essayer de tirer bénéfice lorsqu'ils sont vrais, mais que nous devons combattre à outrance lorsqu'ils sont faux.

Il nous reste à nous occuper d'une dernière classe de prédictions ; c'est celle qui trouve dans les proverbes les éléments de prévision ; nous n'en citerons que quelques-uns qui semblent, jusqu'à un certain point, s'appuyer sur des remarques sérieuses.

On a remarqué qu'une giboulée subite, lorsqu'elle se produisait après un grand vent, était un indice certain de la fin de la tempête, d'où le proverbe :

> Petite pluie abat grand vent.

On sait que, lorsque le brouillard semble s'élever, c'est un signe de pluie ; si même il paraît monter plus vite que de coutume c'est une pluie prochaine ; un proverbe l'exprime en ces termes :

> Brouillard dans la vallée,
> Pêcheur fais ta journée.
> Brouillard sur les monts,
> Reste à la maison.

L'aspect du soleil est un signe de beau temps, lorsque cet astre se lève dans un ciel clair et que les nuages se dissipent à son lever ; s'il se couche au milieu de nuages rouges, c'est encore un indice de beau temps, que l'on retrouve indiqué dans ce dicton :

> Rouge soirée et grise matinée,
> Sont signes certains d'une belle journée.

On connaît le vieil adage :

> Ciel pommelé, femme fardée,
> Ne sont pas de longue durée.

Il s'appuie sur la remarque que l'on a faite au sujet de ces petits nuages moutonnés que l'on appelle des *cirro-cumulus*. On a observé une baisse barométrique sensible lorsque le ciel est couvert de ces nuages, or une baisse dans la colonne mercurielle correspond généralement à l'approche d'une tempête; on voit donc la confirmation du proverbe.

Les animaux eux-mêmes n'ont pas échappé au besoin que l'homme avait de découvrir des signes avant-coureurs des phénomènes atmosphériques :

> Quand l'hirondelle,
> A tire-d'aile,
> Vole en rasant la terre et l'eau,
> Le mauvais temps viendra bientôt.

Nous reproduisons ci-après, simplement à titre de curiosité, des dictons populaires qui ont cours ; on les retrouve dans tous les almanachs destinés aux gens des campagnes :

Janvier.

> —Sécheresse de janvier,
> Richesse du fermier.
> —Janvier d'eau chiche,
> Fait le paysan riche.
> Poussière de janvier,
> Abondance au grenier.
> A la Saint-Laurent,
> L'hiver s'en va ou reprend.

Février.

Pluie de février
Remplit le grenier.
Pluie de février
Vaut jus de fumier.
Février doit remplir les fossés,
Mars après les rendre séchés.
La veille de la Chandeleur,
L'hiver repousse ou prend vigueur.
Saint Mathias
Casse la glace,
S'il n'y en a pas
Il en fera.

Mars.

Mars pluvieux,
An disetteux.
Mars venteux, avril pluvieux,
Font le mai gai et gracieux.
Pluie de mars ne profite pas.

Avril.

Avril a trente jours,
S'il pleuvait durant trente-un,
Il n'y aurait mal pour aucun.
En avril s'il tonne,
C'est nouvelle bonne.
Tonnerre en avril,
Apprête ton baril.
En avril et mai
On connaît les biens de l'année.
En avril,
Ne te découvre pas d'un fil.

Mai.

Mars aride,
Avril humide.
Mai, le gai, tenant les deux,
Présagent l'an plantureux.
Mai frais et chaud juin,
Amènent pain et vin.
Les trois saints de glace,
Saint Gervais, saint Mamers, saint Pancrace.

Juin.

Pluie de saint Jean ôte le vin,
Elle ne donne pas de pain.
S'il pleut le jour de Saint-Médard,
Le tiers des biens est au hasard.
Beau temps en juin,
Abondance de grain.

Juillet.

En canicule beau temps,
Bon an.

Août.

Quand il pleut en août,
Il pleut miel et moût.
S'il pleut à la Saint-Laurent,
Cette pluie arrive à temps.

Septembre.

Pluie de Saint-Michel
Ne demeure au ciel.
Pluie de Saint-Michel sans orage,
D'un hiver doux est le présage.

Octobre.

Bel automne vient plus souvent
Que beau printemps.

Novembre.

A la Toussaint
Commence l'été de la Saint-Martin.
En novembre s'il tonne
L'année sera bonne.

Décembre.

Noël au jeu, Pâques au feu.
Noël au feu, Pâques au jeu.
A Noël les moucherons,
A Pâques les glaçons.
Si l'hiver ne fait son devoir
Aux mois de décembre et de janvier,
Au plus tard il se fera voir
Dès le deuxième février.

On conçoit que nous ne citions ces proverbes que pour donner une idée de ce que peuvent être ces prédictions auxquelles les gens de la campagne attachent tant d'importance.

A ces dictons ruraux, s'ajoutent quelques prédictions particulières touchant certaines époques ou relatives à l'influence de certains astres, de différents saints : ainsi, dans quelques pays, on dit :

> Tant que dure rousse lune,
> Les fruits sont sujets à fortune.
> Récolte point n'est assurée
> Que la lune rousse ne soit passée.

Ou bien :

> S'il pleut le jour de Saint-Médard,
> Il pleut quarante jours plus tard.

Ou encore :

> Si Médard et Barnabé comme toujours
> S'entendaient pour te jouer des tours,
> Tu auras encore saint Gervais
> Que le beau temps va ramener.

Si l'on voulait bien comparer chacun de ces dictons à des observations sérieuses, on s'apercevrait vite de leur fausseté.

CHAPITRE XVI

LES CURIOSITÉS MÉTÉOROLOGIQUES

Nous comprendrons sous le nom de *curiosités météorologiques* quelques phénomènes intéressants : les uns doivent être combattus et arrachés ; les autres n'ont pas encore été suffisamment étudiés pour être bannis des prédictions à longue échéance.

I. — *La lune rousse.*

La funeste influence, que les jardiniers ont, de tout temps, attribuée à la lune rousse, n'a pas tout à fait disparu et se conserve dans une certaine classe de la population.

Nous avons vu plus haut qu'il était impossible d'attribuer à la lune une sérieuse influence sur les changements du temps ; il en est de même dans le cas de la lune rousse.

Arago (1) raconte que, lorsd'une visite des mem-

(1) Arago, *Astronomie populaire.*

bres du Bureau des Longitudes à Louis XVIII, celui-ci embarrassa beaucoup Laplace en lui demandant de lui expliquer ce que c'était que la lune rousse. L'illustre mathématicien resta muet ; lui qui avait consacré la plus grande partie de son génie au calcul de notre satellite, ignorait ce qu'on entendait par la lune rousse. Il finit par répondre que la lune rousse n'occupant aucune place dans les théories astronomiques il lui était impossible de satisfaire la curiosité du roi.

Arago porta ses recherches sur cette question et apprit que les jardiniers donnent le nom de *lune rousse* à la lune qui, commençant en avril, devient pleine, soit à la fin de ce mois, soit dans le courant de mai. Cette lune, d'après eux, aurait la plus désastreuse influence sur les jeunes pousses : on lui assura que, pendant cette période, la lune brûlait ou roussissait les plantes, même alors que la température était assez douce ; que, du reste, dans les mêmes conditions de température, il suffisait qu'un nuage ou qu'un écran empêchât les rayons de la lune d'arriver jusqu'aux plantes pour que les bourgeons demeurassent intacts.

Comme on va le voir, les jardiniers avaient raison, dans une certaine limite. Les gelées de mai sont funestes pour les vignes ; de plus, les plantes pouvaient, ainsi qu'ils l'affirmaient, geler alors que la température était supérieure à o degré.

Quand le ciel est pur, la surface de la terre tend à se mettre en équilibre de température avec les espaces célestes, c'est ce que nous avons désigné sous le nom de *rayonnement*. Or, ce phénomène dépend de la sérénité du ciel, de la masse de l'objet

et d'une foule d'autres circonstances. On a observé
que les plantes peuvent acquérir, en rayonnant
vers l'espace, une température de 7 à 8 degrés au-
dessous de celle de l'air ambiant; de plus, les
nuages s'opposant dans une certaine mesure au
rayonnement, les effets dont nous venons de parler ne s'observent pas avec un ciel couvert.

Dans les nuits d'avril et de mai, la température
moyenne ne descend généralement pas au-dessous
de 4 ou 5 degrés centigrades; au-dessus de zéro,
les plantes perdant par le rayonnement 7 à 8 degrés, peuvent geler puisqu'elles ne marquent plus
que $(+5-8)=-3^o$, c'est-à-dire une température
inférieure à o degré; lorsqu'il y aura des nuages,
le rayonnement n'ayant plus qu'une faible influence, la plante restera sensiblement à la température ambiante, c'est-à-dire au-dessus de zéro et,
par conséquent, ne gèlera pas.

Nous sommes donc amenés à conclure que le
fait est exact, mais que la cause est erronée. La
lune n'a aucune influence sur le phénomène; car
sa présence ou son absence sur l'horizon ne
change rien au résultat, tout dépend du degré de
sérénité du ciel.

II. — *La Saint-Médard.*

Le préjugé qui attribue à saint Médard une influence néfaste ne résiste pas plus que le précédent
à une critique sérieuse.

Une étude attentive et prolongée laisse peu de

place à l'incertitude et permet de conclure que l'esprit public s'attache seulement à la réalisation de ces pronostics, oubliant rapidement tous les cas où le phénomène ne s'est pas accompli. Les preuves suivantes sont incontestables.

Le dicton de la Saint-Médard nous apprend que, quand il pleut ce jour-là, la pluie persiste pendant 40 jours.

Nous empruntons les arguments de sa réfutation à M. Lancaster (1). D'après un relevé d'observations de 50 années, si l'on prend le proverbe au pied de la lettre, il ne s'est pas réalisé *une seule fois*. Voici, du reste, de quelle façon se sont répartis les jours de pluie, à l'époque de la Saint-Médard, pendant ce dernier demi-siècle. Quand il a plu le jour de la Saint-Médard on a observé pendant les 40 jours suivants :

    4 fois au delà de 30 jours de pluie.
    2   —   de 25 à 29 —
   11   —   de 20 à 24 —
    5   —   de 15 à 19 —
    5   —   de 10 à 14 —
    1   —   moins de 10 —

Pour un jour de Saint-Médard sans pluie on a trouvé :

    0 fois au delà de 30 jours de pluie.
    3   —   de 25 à 29 —
   10   —   de 20 à 24 —
    3   —   de 15 à 19 —
    6   —   de 10 à 14 —
    1   —   moins de 10 —

(1) Lancaster, *Ciel et Terre*,

La comparaison de ces deux tableaux ne permet plus de douter un seul instant de l'absurdité de ce proverbe, surtout quand on saura que ces conclusions sont confirmées par 33 années d'observations faites à Paris (1812-1844) qui donnent: 18 années où il a plu et 15 où il n'a pas plu le 8 juin (Saint-Médard). Le nombre moyen de jours de pluie entre le 8 juin et le 17 juillet a été pour les 18 années où il a plu, 17,4; pour les 15 années où il n'a pas plu, 17,2. — Ces nombres se passent de commentaires.

III. — *Les Canicules.*

Un préjugé d'un autre genre est attaché à la période des *jours caniculaires* ; en effet, le vulgaire n'a cessé d'attribuer à cette époque de l'année une influence désastreuse, c'est, au dire de quelques-uns, un moment redoutable où les maladies se font le plus généralement sentir.

Les canicules constituent une période de l'année à laquelle sont attachées d'anciennes superstitions ; de nos jours, elles caractérisent l'époque la plus chaude de l'année ; mais, comme pour toutes les traditions la signification qu'elles avaient à leur origine ainsi que l'importance qu'on attachait à leur venue ont singulièrement changé.

La croyance à l'influence néfaste des canicules remonte à l'époque des Egyptiens. L'ancienne Egypte paraît s'être emparée des connaissances astronomiques de l'Inde et n'avoir eu aucune science propre. Des témoignages irrécusables tendent même à faire admettre que les données scientifiques que les Égyptiens avaient reçues se sont abâtardies au contact de leur esprit grossier.

Tous les écrivains qui ont traité de l'Égypte sont d'accord que les prêtres égyptiens, seuls dépositaires de la science, faisaient jouer un très grand rôle à l'étoile Soth, Sothis, Siriad ou Sirius (1), autour de laquelle tournait leur connaissance du ciel, ce qui même a fait nommer l'Égypte *pays sothique* ou *siriadique.* Ce fut au moyen des observations faites dans les collèges de prêtres des levers et couchers héliaques (2) de cette brillante étoile qu'on détermina la période célèbre connue sous le nom de *période sothiaque*, dont la durée était de 1,461 ans. Voici comment ils étaient parvenus à la déterminer : L'année civile était chez eux de 365 jours au lieu de 365 jours 1/4 ; ces quarts de jours accumulés faisaient rétrograder d'un jour, tous les quatre ans, l'année solaire, ce qui la rendait *vague* et indéterminée. Après 1,460 ans, il y avait donc 1,460 quarts de jour, ou 365 jours, soit une année, laquelle s'ajoutait après qu'elle était écoulée, et le *cycle caniculaire* recommençait. Car 1,460

---

(1) Il est singulier que ce nom de *Sirius* ou *Siris* dérive d'*Osiris*, qui représentait pour les Égyptiens le soleil et le fleuve fécondant. On nomme encore cette étoie *Mercure Anubis.*

(2) Le lever et le coucher héliaques caractérisent les étoiles brillantes qui, se levant une heure avant le soleil ou se couchant une heure après cet astre, sont assez brillantes pour ne pas être noyées dans ses rayons.

années solaires faisaient exactement 1,461 années civiles égyptiennes.

Les prêtres égyptiens crurent avoir fait une découverte de génie en inventant leur période sothiaque. Pleins de présomption ils se vantaient aux Grecs, fort ignorants alors en astronomie, d'être les premiers inventeurs de l'année et de l'avoir divisée en 12 mois, d'après la connaissance profonde qu'ils avaient des phénomènes célestes; les Grecs les croyaient et les admiraient (1).

Des fêtes religieuses avaient été instituées pour célébrer le retour de cette époque, que les prêtres connaissaient et qu'ils exploitaient. Ils faisaient prêter serment à tous les rois, à leur avènement au trône, de laisser l'année vague et de ne jamais consentir à l'intercalation de bissextiles qui eussent rendu l'année fixe. Le jour initial de l'année rétrogradant, les travaux et les saisons se trouvaient changés, l'inondation, ce bienfait de l'Égypte, suivant le solstice d'été, arrivait pour les Égyptiens à une date indéterminée. Les prêtres, au moyen du *cycle caniculaire*, connu d'eux seuls, rétablissaient les époques de ces événements et les annonçaient. C'est pour la même raison que toutes les annales, tous les actes étaient déposés dans les collèges et dans les temples. De plus, les levers ou couchers héliaques de Canopus, Fomalhaut et de Sirius leur annonçaient le retour du débordement du Nil. Depuis, la précession entraînant ces étoiles leur avait enlevé la faculté de prédire ce phénomène; mais Sirius en a joui de nouveau et déterminait

(1) Hérodote. Liv. 2.

ainsi l'époque des grandes chaleurs et des maladies qu'elle amène et qu'on attribuait à Sirius (canicule). De là l'origine des jours caniculaires qui, pour nous, durent du 22 juillet au 23 août, et pour les Anglais du 3 juillet au 11 août. A cette période de 1,461 ans se rapporte la fable du Phénix qui, après une vie errante de 1,461 ans, mourait et, renaissant de ses cendres, recommençait une nouvelle carrière du même nombre d'années.

Ce cycle caniculaire, suivant les croyances supers-titieuses, devait ramener les mêmes événements et les mêmes phénomènes, parce qu'on imaginait que tout dépendait des aspects célestes : c'est aussi l'origine de l'âge d'or que les poètes célébraient dans leurs vers. On a remarqué que chaque renou-vellement de la période sothiaque était signalé par un règne heureux. Antonin gouvernait en 138 et Henri IV en 1598. Or, ces deux dates correspon-dent à l'année initiale d'un nouveau cycle caniculaire.

Les canicules avaient déjà changé de significa-tion chez les Romains et chez les Grecs; ils n'y voyaient plus que l'époque où soufflaient les vents du sud, dits étésiens (de ετος, saison) qu'ils redou-taient comme néfastes. Ces vents étaient engendrés au-dessus de l'immense désert du Sahara qui, dé-pourvu d'eau, formé par du sable et des cailloux roulés, s'échauffe fortement sous l'influence d'un soleil presque vertical, tandis que la Méditerranée n'a que de faibles variations de température. Le vent brûlant du désert se nomme *samoun, simoun, sémoun*, de l'arabe, *samma*, qui veut dire chaud et vénéneux. On l'appelle aussi *samiel*, qui vient de *samm*, poison.

Toutes les maladies qui accompagnent les grandes chaleurs étaient imputées aux canicules; aussi les médecins ordonnaient-ils, d'après les préceptes d'Hippocrate et de Pline, « de ne pas se faire saigner, de boire modérément, de peu dormir et d'éviter de prendre des bains. »

On retrouve ainsi chez les Grecs et les Romains le souvenir de la mauvaise étoile (Sirius); car ces derniers avaient coutume de lui sacrifier tous les ans un chien roux.

Les jours caniculaires, qui s'appellent également *dog days* en anglais et *hundstage* en allemand, et dont la signification est la même qu'en français, tombent assez exactement à l'époque de nos plus grandes chaleurs. Un relevé de deux siècles d'observations a donné, pour le jour le plus chaud de l'année, une variation entre le 11 avril et le 27 août, on peut remarquer cependant que la moyenne correspond au 1er août.

Je n'aurais pas insisté si on ne retrouvait encore des traces de ce préjugé dans nos campagnes. Qu'au moment où la funeste influence de Sirius a été signalée on lui ait attribué les maladies qui coïncidaient avec son lever héliaque, on peut l'accepter, mais qu'aujourd'hui cette croyance persiste encore, c'est insensé, car, en dehors de la raison qui nous indique la fausseté de semblables croyances, nous savons que, par l'effet de la précession des équinoxes, le lever héliaque de Sirius (autrement dit la canicule) n'a plus lieu que lorsque les jours caniculaires sont passés.

IV. — *Les tempêtes des équinoxes.*

Il en est de même des tempêtes des équinoxes. Les époques des solstices et des équinoxes ont toujours été considérées, par les anciens, comme des époques critiques. Les premières étaient des périodes de calme, tandis que les secondes indiquaient des troubles dans les agents atmosphériques. C'est pour combattre l'idée erronée de ceux qui croient à ces présages que M. de Braudner, d'après M. H. Scott, a publié le relevé de quatorze années d'observations.

Le résultat de ces recherches montre que les bourrasques ne sont pas plus fréquentes aux équinoxes qu'à tout autre moment de l'année.

D'après les diagrammes dressés par M. H. Scott, on voit que les tempêtes se produisent particulièrement en hiver, en y comprenant une partie de l'automne et du printemps.

Au surplus, il n'y a jamais de maximum à l'une ou à l'autre des équinoxes.

V. — *Les Étoiles filantes, les Saints de glace.*

Nous devons signaler également, parmi les croyances populaires, l'action présumée des *étoiles filantes* sur la température à certaines époques. Il est d'autant plus nécessaire de le faire que certains savants ne craignent pas de soutenir une théorie aussi hasardée.

On sait généralement que la terre, dans son mouvement, rencontre des milliers de petits corpuscules dont les uns, isolés, sont connus sous le nom de sporadiques et les autres, réunis en essaims, portent le nom de périodiques.

En effet, on a pu remarquer qu'à des époques régulières des chutes d'étoiles filantes s'observaient sur divers points du globe; on en a déduit que les météores dont il s'agit appartenaient à des essaims, sortes d'anneaux de matière cosmique dont on est arrivé à déterminer la durée de révolution.

Les deux anneaux que nous considérerons sont : celui de novembre (léonides), d'une durée de révolution de 33 ans 25, et celui d'août (perséides) d'une durée de révolutions de plus d'un siècle.

Nous devons signaler encore ce fait que les essaims coupent l'orbite de la terre, les léonides vers le 12 novembre; les perséides, vers le 10 août.

On conçoit que ces essaims ne soient pas sans influence sur nous, puisqu'ils viennent continuellement s'enflammer dans notre atmosphère et même tomber sur notre planète. En laissant même de côté cette hypothèse, on démontre que les perséides et les léonides étant à leur nœud descendant le 10 août et le 12 novembre, arriveront à leur nœud ascendant vers le 6 février pour le premier essaim ; vers le 12 mai pour le second et, s'interposant entre le soleil et nous, devront nous intercepter une partie de la chaleur du soleil et faire baisser la température.

M. Erman, auquel on doit cette remarque, a

dressé les tableaux suivants renfermant, de 5 jours en 5 jours, la température moyenne, tirée d'un grand nombre d'observations :

Dates.	Températures moyennes.	Accroissement.
	o	o
13 janvier.	— 1,69	+ o
18 —	— 1,69	+ 0,16
23 —	— 1,53	+ 0,43
28 —	— 1,10	+ 0,28
2 février.	— 0,82	+ 0,15
7 —	— 0,67	+ 0,14
12 —	— 0,53	+ 0.08
17 —	— 0,45	

Pour la constatation de la variation thermométrique que l'on doit constater le 12 mai, M. Erman la conclut ainsi qu'il suit :

Dates.	Températures moyennes.	Accroissement.
	o	o
18 avril.	+ 7,29	+ 1,25
23 —	+ 8,54	+ 0,82
28 —	+ 9,36	+ 1,18
3 mai.	+ 10,54	+ 0,88
8 —	+ 11,42	+ 0,37
13 —	+ 11,79	+ 1,02
18 —	+ 12,81	+ 0,62
23 —	+ 13,43	+ 0,32
28 —	+ 13,75	

De l'étude de ces tableaux on peut tirer les conclusions suivantes : du 2 au 12 février le ralentissement de la température ne se fait pas sentir, le froid diminue périodiquement; du 8 au 13 mai l'accroissement varie un peu dans le sens de la prévision et tombe à $0°37$; mais que conclure de l'accroissement de $0°32$ qu'on observe entre le 23 et le 28 ? Où s'arrête l'influence de l'anneau d'astéroïdes ? Voilà ce qu'il est impossible de déterminer.

Or les 11, 12 et 13 mai correspondent à une époque connue dans le peuple sous le nom des *trois saints de glace*, saint Mamert, saint Pancrace et saint Gervais ; le préjugé populaire assignait à ces dates un abaissement marqué de la température : on voit ce que l'on en doit penser.

Au surplus, si nous prenons les températures maxima du 3 au 29 mai, en 1873 et 1874, nous aurons les valeurs ci-dessous :

	Températures maxima			
	1873.		1874.	
		Diff.		Diff.
	o	o	o	o
3 mai.	+ 16,0	— 1,6	21,4	— 0,6
8 —	+ 14,4	+ 3,6	20,8	+ 3,5
13 —	+ 18,0	+ 0,2	24,3	— 1,3
18 —	+ 17,2	+ 0,5	23,0	+ 1,4
23 —	+ 18,7	— 0,7	24,4	— 2,6
28 —	+ 18,0		21,8	

On voit que le plus fort accroissement de température tombe justement du 8 au 13, ce qui est contraire aux prévisions ; la croyance que l'on remarque un accroissement de chaleur aux nœuds descendants ne se vérifie guère mieux.

VI. — *L'été de la Saint-Martin.*

La remarque de l'été de la Saint-Martin (11 novembre) semble donc devoir emprunter à une autre source sa cause efficiente. Les défenseurs de cette théorie admettent en effet qu'il y a un accroissement de température aux 10 et 12 novembre, résultant de la pluie de météores enflammés qui traversent l'atmosphère.

Les valeurs suivantes provenant d'un grand nombre d'observations permettront de se rendre un compte plus exact des résultats que donne l'observation :

Dates.	Températures moyennes.	Accroissement.	L'observation donne entre le 10 et le 13	La théorie demande
	o	o.		
Janvier 28.	— 1,4	— 0,1		
Février 2.	— 1,5	— 0,3		
— 7.	— 1,8	+ 0,0	Aucun changement	Abaissement de température
— 12.	— 1,8	+ 0,2		
— 17.	— 1,6			
Mai 3.	+ 7,8	+ 1,0		
— 8.	+ 8,8	+ 0,8		
— 13.	+ 9,6	+ 1,3	Abaissement de température	Abaissement de température
— 18.	+ 10,9	+ 0,8		
— 23.	+ 11,7			
Août 1.	+ 17,2	— 0,1		
— 6	+ 17,1	— 0,3		
— 11	+ 16,8	— 0,4	Aucun changement	Elévation de la température
— 16	+ 16,4	— 0,4		
— 21	+ 16,0			
Octobre 30.	+ 5,4	— 0,4		
Novembre 4.	+ 4,9	— 1,2		
— 9.	+ 3,7	— 1,0	Aucun changement	Elévation de la température
— 14.	+ 2,7	— 1,1		
— 19.	+ 1,6			

Il suffit de jeter les yeux sur le tableau ci-dessus pour être frappé d'un fait singulier. La seule concordance qui existe se présente au minimum de mai ; mais, comme dans le cas cité par Erman, du 18 au 23, il se produit un minimum de même valeur. Quant à la variation de novembre, au lieu de se produire au 11 novembre ainsi que le voudrait la théorie, on la remarque du 4 au 9.

Il nous semble inutile de pousser plus loin cette discussion, qu'il nous suffise, pour la clore, d'indiquer une hypothèse proposée par Dom Lamey qui suppose les fluctuations irrégulières aux variations des températures dépendant des astéroïdes.

Nous pourrions multiplier ces exemples et toujours on verrait que lorsqu'on soumet les proverbes à une discussion sérieuse, le résultat vient contredire la croyance populaire.

En empruntant aux partisans des dictons populaires une de leurs armes, un proverbe, nous pourrons dire, en terminant, qu'ils ont eux-mêmes donné une appréciation assez juste de la valeur de leurs présages et de leurs pronostics en disant :

Qui veut mentir n'a qu'à parler du temps.

CHAPITRE XVII

CONCLUSIONS

Avant de terminer cette étude de la prévision du temps, qu'il nous soit permis d'indiquer, en termes rapides, l'avenir qui paraît réservé à cet intéressant problème ainsi que les améliorations que la science est appelée à apporter dans un temps prochain aux systèmes de prédiction actuellement employés.

La prévision, basée sur les avis télégraphiques, semble destinée, d'après les merveilleux résultats qu'elle a déjà fournis, à progresser de jour en jour en augmentant la précision de ses avis. Pour arriver à lui donner le plus haut degré de certitude qu'on soit en droit d'en attendre, il faudrait pouvoir réunir un grand nombre d'observations sur la météorologie océanique.

Déjà, la marine a pu apporter son contingent d'observations, plus de 500 journaux de bords sont parvenus aux sociétés météorologiques; des encouragements, des médailles ont été donnés, à ce sujet, aux marins qui les avaient apportées. Espérons que, de ce côté, on trouvera le zèle et la science qui caractérisent les météorologistes terriens.

On a proposé d'ancrer des navires à un kilomètre ou deux des côtes ; de ces postes avancés, les indications météorologiques de la pleine mer pourraient être connues à l'aide d'une correspondance électrique. L'essai de ce système fut fait avec le navire anglais, le *Brisk*, qui fut mouillé vers l'entrée de la Manche. Des difficultés de toute nature rendirent cette tentative insuffisante et les promoteurs de cette idée durent l'abandonner, après avoir, au dire de M. Scott « dépensé autant de mille livres sterling que le *Brisk* passa de jours à la mer ».

Ce résultat désastreux donna à M. Morse l'idée de remplacer le bâtiment par des bouées munies d'appareils enregistreurs qui se trouvaient en communication avec les stations du littoral.

M. Menusier proposa également un système dont l'application pratique a rencontré d'insurmontables difficultés. L'inventeur avait imaginé de jeter au travers de l'Atlantique un câble dont certaines parties, soutenues par des bouées, pouvaient se relier avec les fils des appareils transatlantiques qui sillonnent l'Océan ; on pouvait, par ce moyen, établir un échange de dépêches du plus grand intérêt au point de vue qui nous occupe.

Le problème de la prévision se présente aujourd'hui sous un jour favorable, les premiers travaux de nos savants ont suffisamment marqué la voie pour qu'il nous soit possible d'entrevoir les bases nouvelles d'une prédiction à longue période.

Arago a démontré d'une manière presque irréfutable que le climat de nos contrées n'avait pas varié d'un dixième de degré ; malgré cela, nous éprouvons des variations locales de température qu'il est impossible de ne pas reconnaître ; on en trouve une explication suffisante dans l'influence destructive de l'homme. Je suis obligé de me borner à renvoyer mes lecteurs aux travaux que M. Bouquet de la Grye a publiés sur ce sujet.

Au point de vue de la prévision, l'ensemble des observations laisse transparaître, quoiqu'elle ne soit pas démontrée, une régularité caractéristique dans l'évolution des phénomènes ; les saisons, les années semblent parcourir un cycle, dont quelques périodes nous apparaissent, mais dont l'ensemble nous échappe.

Sera-t-il réservé au XIXe siècle de voir ce progrès? Tout porte à l'espérer.

Trouvera-t-on dans l'étude des dépressions secondaires les bases des théories nouvelles ? je ne sais; mais ce que nous sommes en droit d'affirmer, c'est que les études de cette nature présentent le plus grand intérêt.

Si l'on pouvait répartir un grand nombre de petites stations bien choisies, le phénomène disséqué par parcelles laisserait pénétrer sa constitution intime. On suivrait pas à pas ses développements et ses modifications. Jusqu'à présent, un grand nombre d'orages locaux passent complètement inaperçus. Leur faible influence ne se fait pas sentir dans les *isobares* générales tracées par les grands centres météorologiques et cependant leur observation constante donnera probablement l'explication si complexe des phénomènes atmosphériques.

La solution tant désirée sera-t-elle découverte dans l'observation des nuages des régions supérieures dont M. Hildebrandson s'est fait le promoteur?

Ou bien la réunion de ces deux sortes d'observations conduira-t-elle au résultat cherché?

Dans l'état actuel de nos connaissances il n'est pas permis de l'affirmer; en tout cas, il ne semble pas que l'époque de la connaissance des grands mouvements de l'air soit fort éloignée et quels qu'aient été les efforts, quels qu'aient été les sacrifices qui l'ont précédée, la découverte de la prévision à longue échéance ne sera pas payée trop cher, surtout si c'est à un de nos nationaux que cette gloire est réservée!

Plus modeste dans ses exigences est la prévision locale; pour l'amener à son parfait développement, il suffit d'augmenter considérablement le nombre des stations où l'on observe le baromètre et de créer sur notre territoire une grande quantité de petits observatoires particuliers.

Ne voit-on pas, tout de suite, la liaison de la multiplication de ces petits observatoires avec le système d'étude des dépressions secondaires dont je parlais plus haut.

Aujourd'hui que des stations complètes sont installées dans les Ecoles normales, ne peut-on exiger des instituteurs qu'ils fassent les observations necessaires qui sont loin d'être pénibles, et croit-on que les municipalités reculeront devant une dépense de 200 à 250 francs si elles peuvent espérer de bénéficier d'annonces agricoles plus précises et plus rapides.

C'est surtout dans les campagnes qu'il serait intéressant de développer ce système : outre l'ensemble des travaux que pourraient fournir les centres d'observations, les cultivateurs trouveraient dans les observations météorologiques des indications précieuses pour leurs travaux et pour leurs cultures.

Mais un point sur lequel je désire attirer particulièrement l'attention, c'est sur la création nécessaire d'un almanach météorologique.

Le but de ce petit livre est tout tracé ; il devra combattre les préjugés absurdes des populations peu éclairées et leur donner, au contraire, des notions sérieuses de ce qu'ils ont besoin de savoir.

Le principal succès des *Almanachs de Liège*, des *Bergers*, du *Messager boiteux*, etc., qui se distribuent en si grand nombre dans les campagnes, tient à ce que ces recueils donnent les prédictions du temps.

Or, l'ignorance de tous les faiseurs de prédictions ne le cède qu'à leur audace, alors qu'ils étendent leurs prédictions à tout un pays, dont les conditions climatologiques diffèrent essentiellement.

Ne voit-on pas les heureux résultats qu'on pourrait attendre d'almanachs départementaux, vendus bon marché, qui contiendraient des indications générales, telles que celles que l'on peut donner dans l'état actuel de la science. On aurait là une tribune, d'où l'on pourrait enseigner aux cultivateurs, à l'aide des phénomènes de l'année précé-

dente, la conduite à tenir dans des occasions semblables, ainsi que les leçons qu'ils pourraient en
tirer pour l'avenir.

Puisse cet appel fait aux gens compétents ne pas
rester sans écho ! Je sais que l'obstacle que je tente
de renverser est presque invincible, il se nomme
préjugé! Que demandai-je? une énormité; je désire faire préférer un livre utile et bien fait à un
amas d'absurdités, de sottises et de mensonges !

Bien des années se passeront encore avant que
les *Almanachs de Mathieu Laensberg*, de *Raspail*, ou autres perdent auprès des gens crédules
leur immense renommée, mais un jour viendra où
les moins lettrés de nos paysans renonceront enfin
à tous ces vieux restes de l'antique astrologie.

Que chacun apporte sa pierre à cet édifice nouveau ; qu'il nous prête, dans la mesure de ses
moyens, un concours utile pour éclairer tant de
gens qui sont encore plongés dans des erreurs in-
dignes d'un grand peuple, et l'œuvre achevée,
nous pourrons être fiers du résultat, car une erreur
arrachée est aussi utile que la plus belle découverte.

FIN

BIBLIOTHÈQUE NATIONALE R.F. IMPRIMÉS

TABLES ET TABLEAUX

CONTENUS DANS L'OUVRAGE

TABLE DES MATIÈRES

PREMIÈRE PARTIE

INSTRUMENTS EMPLOYÉS DANS LES OBSERVATIONS MÉTÉOROLOGIQUES

IMPRIMERIE ÉMILE COLIN, A SAINT-GERMAIN

LIBRAIRIE J.-B. BAILLIÈRE ET FILS
19, Rue Hautefeuille, près du Boulevard Saint-Germain, Paris.

BIBLIOTHÈQUE SCIENTIFIQUE CONTEMPORAINE

A 3 FR. 50 LE VOLUME

Nouvelle collection de volumes in-16, comprenant 300 à 400 pages,
imprimés en caractères elzéviriens et illustrés de figures
intercalées dans le texte.

(Envoi franco contre un mandat postal.)

La *Bibliothèque scientifique contemporaine*, d'un format
commode et d'un prix modique, s'adresse à tous ceux qui,
désireux de ne pas rester étrangers au mouvement scientifique de leur époque, n'ont ni le temps ni la facilité de
recourir aux sources.

Les questions d'actualité sont présentées avec des développements en rapport avec leur importance, et débarrassées
des formules techniques; les nouvelles découvertes et les
nouvelles applications de la science sont exposées à mesure
qu'elles se produisent; les recherches originales sont vul-
garisées par leurs auteurs.

Ménager le temps du lecteur, et lui présenter ce qu'il a
besoin de connaître sous une forme condensée et attrayante,
tel est le but que se proposent les auteurs qui ont promis
leur concours à cette œuvre de vulgarisation.

Aucune traduction n'est admise à prendre place dans
la collection : il n'est publié que des livres originaux, par
des auteurs écrivant en langue française.

Parmi les plus illustres représentants de la science, qui
concourent à la rédaction de la *Bibliothèque scientifique contemporaine*, nous citerons : MM. de Quatrefages et Albert
Gaudry, de l'Institut et du Muséum; M. Fouqué, de l'Institut et du Collège de France; M. Duclaux, de la Faculté des
sciences; M. Edm. Perrier, du Muséum; MM. Brouardel et
Gabriel Pouchet, de la Faculté de médecine; MM. Bouant et
Maurice Girard, de l'Enseignement secondaire; M. Foville,
inspecteur des établissements de bienfaisance; M. de Baye,
de la Société des Antiquaires de France, etc.

Paris n'est pas seul à fournir à la *Bibliothèque* ses collaborateurs. Au nombre des savants qui lui prêtent le concours

de leur talent, nous citerons : MM. Beaunis, Léon Garnier
et Schmitt, de la Faculté de Nancy ; M. Azam, de la Faculté
de Bordeaux ; MM. Cazeneuve, Debierre et Max Simon,
de la Faculté de Lyon ; M. Moniez, de la Faculté de Lille ,
M. Girod, de la Faculté de Clermont-Ferrand ; MM. Bourru
et Burot, de l'Ecole de Rochefort ; M. de Saporta, correspondant de l'Institut, à Aix ; M. de Folin, à Biarritz ;
M. Cullerre, à la Roche-sur-Yon ; M. Ferry de la Bellonne ;
à Arles, etc.

En Belgique et en Suisse, M. Léon Frédéricq, de l'Université de Liége ; M. Herzen, de l'Académie de Lausanne.

Dans le cadre de cette *Bibliothèque* sont comprises toutes
les sciences physiques, chimiques, naturelles et médicales.

Parmi les sujets traités, nous signalerons :

En physique : *la Prédiction du temps, la Photographie en
voyage.*

En chimie : *Le Lait, la Coloration des vins, les Ferments et
les fermentations, l'Eau, la Chimie de l'alimentation.*

En applications industrielles des sciences : *La Galvanoplastie et l'Electro-métallurgie, l'Électricité à domicile.*

En géologie et en paléontologie : *Les Ancêtres de nos animaux, les Tremblements de terre.*

En anthropologie : *les Pygmées, l'Homme avant l'histoire, la
France préhistorique, l'Archéologie préhistorique.*

En zoologie : *Le Transformisme, Sous les mers, la Lutte
pour l'existence chez les animaux marins, les Parasites, les
Abeilles.*

En botanique : *La Vie des plantes, la Truffe, les Maladies
de la vigne, l'Origine des arbres cultivés.*

En physiologie : *Le Magnétisme et l'hypnotisme, le Somnambulisme provoqué, la double conscience et les altérations
de la personnalité, l'Activité cérébrale, la Suggestion mentale.*

En hygiène et en médecine : *Les Microbes et les maladies,
le Secret médical, les Frontières de la folie, le Nervosisme et
les névroses, la Criminalité, les Maladies de l'esprit, les
Nouvelles institutions de bienfaisance.*

Opinion de la presse.

Dans ces dernières années, les sciences ont fait de rapides progrès ; elles ont entrepris l'étude ou donné déjà la solution de nombreux et importants problèmes. Les savants n'ont pas besoin qu'on leur décrive ce mouvement, qui est leur œuvre ; mais les gens du monde, les personnes à l'esprit cultivé ne sauraient le contempler avec indifférence. C'est dans le but de mettre à leur portée les dernières acquisitions de la science que la librairie J.-B. Baillière et fils vient de fonder la *Bibliothèque scientifique contemporaine* : en quelques pages, d'une lecture facile, les hommes spéciaux y exposent les questions nouvelles, à la solution desquelles ils ont plus ou moins contribué. (*Revue scientifique*, 7 avril 1886.

La librairie J.-B. Baillière et fils inaugure une *Bibliothèque scientifique contemporaine* dont elle a déjà publié dix volumes.

Nous espérons que les volumes annoncés comme devant paraître seront dignes de leurs aînés ; les noms des auteurs nous en sont, du reste, un sûr garant.

Dr P. CHÉRON, *Le National*, 17 août 1886.

Le succès de la *Bibliothèque scientifique contemporaine* est assuré, autant par la valeur des œuvres qu'elle publie que par son bon marché et son élégance. (*La Science en famille*.)

La *Bibliothèque scientifique contemporaine* promet une série de livres utiles et pratiques, qui nous permettent de lui pronostiquer un succès complet et mérité.

H. FÈVRE, *France médicale*, 25 septembre 1886.

Les gens du monde sont gens heureux, chacun s'empresse à leur faciliter l'accès des sciences qui resteraient lettre close pour eux, si toujours ne se rencontraient écrivains et éditeurs, désireux de récolter leurs suffrages. La *Bibliothèque scientifique contemporaine* est la preuve de ce fait. Nous suivrons avec un vif intérêt son développement, car nous sommes de ceux qui pensent que la science ne perd pas à être vulgarisée — c'est le terme irrespectueux d'usage — et que, lorsque ses admirateurs seront plus nombreux en notre pays, la haute culture à laquelle chaque nation doit tendre, n'en sera que plus certaine.

Dr JUHEL-RÉNOY, *Archives générales de médecine*.

LES PYGMÉES

LES PYGMÉES DES ANCIENS, D'APRÈS LA SCIENCE MODERNE,

LES NEGRITOS OU PYGMÉES ASIATIQUES,

LES NEGRILLES OU PYGMÉES AFRICAINS,

LES HOTTENTOTS ET LES BOSCHIMANS

Par A. DE QUATREFAGES

Professeur au Muséum, membre de l'Institut

1 vol. in-16 avec figures........................... 3 fr. 50.

L'histoire des races humaines a le privilège d'attirer l'attention de tout homme instruit, qui désire savoir d'où nous venons et où nous allons.

M. de Quatrefages, dont les travaux ont toujours un si grand retentissement et une si grande influence, présente aujourd'hui sous une forme littéraire, qui n'exclut en rien la précision scientifique, les vicissitudes d'un type humain curieux à plus d'un titre.

Les petits nègres sont à peu près partout dispersés, morcelés, et souvent traqués par des races plus grandes et plus fortes; ils ne se trouvent plus sur certains points du globe qu'ils ont jadis occupés, et sont en voie de disparition sur bien d'autres. Ils n'en ont pas moins eu dans le passé leur temps de prospérité; ils ont joué un rôle ethnologique très réel. Enfin, ils sont devenus le sujet de légendes qu'ont accueillies les poètes et que n'ont pas dédaigné de nous transmettre les plus sérieux auteurs classiques.

Placer la vérité scientifique en regard de ces fables, montrer ce que sont en réalité les Pygmées de l'antiquité, ce qu'ils sont devenus au milieu des contrées sauvages de l'Asie et des déserts de l'Afrique, tel est le but que l'auteur s'est proposé.

LE LAIT

ÉTUDES CHIMIQUES ET MICROBIOLOGIQUES

Par DUCLAUX

PROFESSEUR A LA FACULTÉ DES SCIENCES DE PARIS
ET A L'INSTITUT AGRONOMIQUE

1 vol. in-16, avec figures.................................. 3 fr. 50

Le lait joue un rôle important dans l'alimentation et dans l'industrie agricole; il est l'objet de nombreuses altérations et falsifications. Il était nécessaire d'en présenter une étude complète où la question fût envisagée sous toutes ses faces.

C'est ce travail qu'a entrepris M. Duclaux; et il considère le lait suivant les diverses formes qu'il revêt avant d'entrer dans la consommation : *lait, beurre et fromage.*

Il consacre une première partie au *beurre*, et il étudie la constitution physique du lait, l'analyse du beurre, l'action de la lumière et de l'oxygène, l'action des microbes sur la matière grasse du lait.

La seconde partie comprend l'étude de la *caséine*, de la présure, de la caséase et des éléments du lait, l'exposé des méthodes d'analyse du lait et d'un nouveau procédé.

La troisième partie, intitulée le *fromage*, traite de la coagulation du lait par la présure, des microbes aérobies et anaérobies de la maturation des fromages, de l'analyse des fromages, de la composition des divers fromages (Cantal, Brie, Roquefort, Gruyère, Parme et Hollande).

Grâce aux travaux de M. Duclaux, qui comprennent à la fois la partie chimique et microbiologique de la question, l'étude du lait est entrée dans une voie pratique, qui assure le succès des recherches qui seront tentées dans cette direction.

LE SOMNAMBULISME PROVOQUÉ

ÉTUDES PHYSIOLOGIQUES ET PSYCHOLOGIQUES

Par H. BEAUNIS

Professeur à la Faculté de médecine de Nancy

DEUXIÈME ÉDITION

1 vol. in-16, avec figures............................... 3 fr. 50

Parmi les nombreuses publications relatives à la suggestion et à l'hypnotisme, une des plus importantes est celle du professeur Beaunis.

L'autorité de l'auteur, qui est un de nos meilleurs physiologistes, qui a publié le livre le plus suivi comme *Traité complet de physiologie*, et qui a certainement appliqué dans toute leur rigueur à ces expériences les lois de la méthode expérimentale, donne un poids considérable à ces récits qui ouvrent à l'esprit des perspectives troublantes.

(Polybiblion.)

Dans cet exposé de patientes recherches faites à Nancy, avec MM. Liebault, Bernheim et Liégeois, M. Beaunis s'est attaché à ne parler que des faits précis et parfaitement clairs.

Toutes ses observations ont été contrôlées par des instruments dont les indications éloignent toute idée de simulation chez les sujets observés; on peut donc tenir tout ce qu'il avance comme parfaitement démontré.

L'auteur indique les procédés qu'il emploie pour déterminer le sommeil hypnotique et expose les résultats vraiment surprenants qu'il obtient à l'aide des suggestions.

HYPNOTISME
DOUBLE CONSCIENCE
ET ALTÉRATIONS DE LA PERSONNALITÉ

Par le Dr AZAM

PROFESSEUR A LA FACULTÉ DE MÉDECINE DE BORDEAUX

Avec une préface par M. le Professeur CHARCOT.

1 vol. in-16, avec figures .... **3 fr. 50.**

Tout le monde sait, chose incontestée aujourd'hui, que M. Azam fut un initiateur dans l'étude des phénomènes hypnotiques. Braid avait annoncé ses découvertes ; les circonstances permirent à notre collègue de les contrôler et de les analyser.

La préface de M. Charcot met en lumière la part si importante prise par M. Azam dans l'étude de faits qui jadis tenaient du merveilleux et qui aujourd'hui n'étonnent plus personne.

Le volume qui vient de paraître devra être consulté par tous ceux, physiologistes ou psychologistes, qu'intéressent les recherches sur les phénomènes nerveux centraux.

Les études de M. le professeur Azam sont exposées avec lucidité ; elles sont empreintes d'un cachet scientifique absolu et ne sauraient se prêter au moindre doute sur leur complète authenticité.

Journal de médecine de Bordeaux, 13 février 1887.

Aujourd'hui que l'hypnotisme est arrivé à conquérir définitivement sa place parmi les faits de la science positive, il y aurait de l'injustice à oublier les noms de ceux qui ont eu le courage d'étudier cette question à un moment où elle était frappée d'une réprobation universelle. M. Azam a été l'un de ces initiateurs ; le premier en France, il a cherché à contrôler par des expériences personnelles les résultats annoncés par Braid.

Les recherches de M. Azam n'ont pas seulement un intérêt historique ; l'analyse y retrouve la plupart des phénomènes somatiques et psychiques d'anesthésie, d'hyperesthésie, de contractures, de catalepsie, que l'on a appris depuis cette époque à produire à volonté, selon un déterminisme rigoureux, en s'adressant à une catégorie spéciale de sujets.

La Loi, 1er mars 1887.

MAGNÉTISME ET HYPNOTISME

EXPOSÉ DES PHÉNOMÈNES OBSERVÉS PENDANT
LE SOMMEIL NERVEUX PROVOQUÉ, AVEC UN RÉSUMÉ HISTORIQUE
DU MAGNÉTISME ANIMAL

Par le Dr A. CULLERRE

Deuxième édition
1 vol. in-16 avec 28 figures........................ 3 fr. 50

La question du sommeil magnétique ou hypnotique est actuellement à l'ordre du jour. Tout le monde s'intéresse à ces phénomènes, surtout aux faits prodigieux de la suggestion hypnotique, tout le monde en parle, mais trop souvent sans en avoir la notion bien précise et l'idée bien nette.

M. le Dr Cullerre s'est proposé de mettre cette grave question à la portée de tous les esprits, en résumant tout ce qui a paru à ce sujet.

Son livre, composé sur un plan excellent, clairement écrit et sans le moindre pédantisme scientifique, est un exposé très méthodique des phénomènes observés pendant le sommeil nerveux provoqué.

F. D., *Journal des Débats*.

L'ouvrage que M. Cullerre offre aujourd'hui au public est un résumé clair, méthodique de tout ce qui a été dit et écrit sur le magnétisme et l'hypnotisme depuis les temps les plus reculés jusqu'à nos jours. Les larges emprunts que l'auteur a faits aux travaux récents de MM. Charcot, Richet, Dumontpallier, Liégeois, Féré, Beaunis, Bernheim et Tucke en font un ouvrage scientifique que les médecins et les magistrats consulteront avec fruit.

Ce livre est de ceux qu'on lit en entier, après en avoir lu la première page : c'est le plus grand éloge que nous puissions en faire.

Dr TAGUET, *Gaz. hebd. des sciences médicales*.

NERVOSISME ET NÉVROSES

HYGIÈNE DES ÉNERVÉS ET DES NÉVROPATHES

Par le Dr A. CULLERRE

1 vol. in-16.. 3 fr. 50

D'où provient l'extrême fréquence des désordres du système nerveux à l'époque actuelle, et comment l'éviter ? Questions que se posent, sans pouvoir les résoudre, bien des gens intéressés cependant à voir clair dans leurs propres souffrances. C'est pour eux que le Dr A. CULLERRE vient de publier un fort intéressant volume, *Nervosisme et Névroses, Hygiène des énervés et des névropathes.*

A côté des préceptes purs de l'hygiène, qui forment comme le fond classique de son travail, et qu'il a traité en plusieurs chapitres d'une lecture facile, le Dr A. Cullerre a tracé à grands traits l'esquisse des influences nocives de la civilisation sur le système nerveux des *névropathes,* auxquels est dédié ce livre, dans lequel ils puiseront, s'ils veulent bien le parcourir, un grand nombre d'enseignements profitables à leur santé.

L'Hygiène pratique, 10 avril 1887.

Voici le sommaire des principales divisions du livre :

I. — *Le Tempérament nerveux;* fréquence actuelle des troubles du système nerveux, le tempérament nerveux, les névropathes.

II. — *Les Circonstances générales qui influent sur le développement des troubles nerveux :* l'âge, le sexe, l'hérédité, les maladies, l'habitude névropathique.

III. — *Les Milieux :* l'atmosphère, les saisons, les climats, les vêtements, l'habitation, les villes et les campagnes.

IV. — *Les Aliments :* la chair, le lard, les œufs, les farineux et les féculents, les légumes verts et les fruits, les condiments.

V. — *Les Boissons :* le vin, la bière, le cidre, les vins alcooliques, les liqueurs, les boissons aromatiques.

VI. — *Le Régime :* ordonnance et composition.

VII. — *Les Excitants et les poissons :* le tabac, la morphine.

VIII. — *L'Exercice :* gymnastique, équitation, natation, danse, etc.

IX. — *Le Repos :* les distractions, les bains, le sommeil.

X. — *Les Sens :* le goût, l'odorat, la vue, l'ouïe, les besoins.

XI. — *Les Fonctions sexuelles :* les perversions, les désordres fonctionnels, etc.

XII. — *L'Intelligence :* l'éducation, le milieu social, la sensibilité morale.

LE SECRET MÉDICAL

Honoraires, Mariage, Assurances sur la vie, Déclaration de naissance Expertise, Témoignage, etc., etc.

Par P. BROUARDEL
Doyen de la Faculté de médecine de Paris.

1 vol. in-16 .... 3 fr. 50

Je félicite l'éminent docteur d'avoir pieusement montré à ses disciples, à ses jeunes confrères, sous le patronage de l'honneur traditionnel que lui ont légué ses devanciers et ses maîtres, un grand devoir. En ne bornant pas ses leçons à des cours purement scientifiques, en leur enseignant en même temps que la pratique de leur utile profession, celle des vertus qui font sa force et sa dignité et peuvent seules leur assurer la pleine confiance à laquelle ils doivent aspirer tous, il a donné la meilleure preuve de la sollicitude qu'il leur porte, et justifié une fois de plus la grande et légitime considération dont il jouit, non seulement pour son savoir et son habileté dans son art, mais pour ses qualités de conscience et de droiture, qui sont celles de l'homme de bien.

CH. MUTEAU, conseiller à la cour d'appel de Paris, *la Loi*, 21 novembre 1886.

Le livre de M. Brouardel a causé, dès son apparition, un vif émoi dans toutes les classes de la société. Les journalistes politiques l'ont violemment commenté, surtout à l'occasion de notre conduite au moment du mariage, lorsqu'un des conjoints est atteint d'une maladie réputée héréditaire.

Ce que nous ne saurions assez reconnaître, c'est l'influence morale que le livre de M. Brouardel va donner au corps médical en levant toutes ses hésitations, lorsqu'il se trouvera aux prises avec sa conscience.

AL. JOSIAS, *Progrès médical*, 12 février 1887.

Cette question, toujours actuelle, est traitée par l'éminent professeur de médecine légale, avec une compétence et une autorité indiscutées, et il a nettement exposé l'état de la jurisprudence moderne, et les limites que la magistrature assigne au secret médical.

Dʳ GALLET-LAGOGUET, *Tribune médicale*, 19 décembre 1886.

MICROBES ET MALADIES

Par J. SCHMITT

Professeur agrégé à la Faculté de Nancy

1 vol. in-16 avec 24 figures .... 3 fr. 50

L'ouvrage que M. Schmitt a consacré à l'histoire des microbes et à l'étude de leur rôle pathogénique ne laisse rien
à désirer au point de vue de la clarté, et les gens du monde,
qui ont le désir légitime de se familiariser avec les questions
scientifiques modernes, le liront avec profit.

Revue scientifique, 7 août 1886.

Eloignant les considérations de technique microscopique
et les discussions trop ardues, l'auteur s'est attaché surtout
à être compris de tous et a mis son livre à la portée de tout
homme instruit, quelle que soit sa profession.

L'ouvrage est divisé en deux parties :

Dans la première, M. Schmitt étudie les formes, la struc-
ture, la vie des microbes. Le chapitre sur le mode d'action
des micro-organismes pathogènes est particulièrement remarquable, et on y trouve résumée l'importante discussion
qui a eu lieu à l'Académie de médecine à la suite des com-
munications de M. Gautier sur les ptomaïnes.

La seconde partie de l'ouvrage est consacrée à l'étude des
maladies zymotiques ou infectieuses. Nous croyons devoir
recommander les pages où sont recherchées les origines des
agents infectieux, et, enfin, les considérations thérapeuti-
ques qui terminent l'ouvrage.

P. CHERON, *Le National*, 17 août 1886.

LA COLORATION DES VINS

PAR LES COULEURS DE LA HOUILLE

MÉTHODE ANALYTIQUE ET MARCHE SYSTÉMATIQUE POUR
RECONNAITRE LA NATURE DE LA COLORATION

Par P. CAZENEUVE

Professeur à la Faculté de Lyon.

1 vol. in-16 avec 1 planche...................... 3 fr. 50

M. Cazeneuve a réuni tous les documents relatifs à l'emploi, pour la coloration des vins, des matières colorantes extraites de la houille.

La première partie est consacrée à l'étude toxicologique de ces composés. Elle renferme les recherches originales faites par l'auteur, qui permettront à l'expert ayant à examiner les vins colorés par les substances dérivées de la houille, non seulement de conclure a la falsification puisque l'emploi de ces matières est formellement interdit, mais encore de dire si le vin soumis à l'analyse est susceptible de nuire à la santé, ce qui est très important au point de vue de la répression du délit.

M. Cazeneuve classe les matières colorantes de la houille en inoffensives et nuisibles, et il pense que les premières, proscrites d'une façon absolue pour la coloration des vins, pourraient être autorisées pour la coloration des produits artificiels de la liquoristerie et de la confiserie.

La seconde partie, consacrée à la recherche chimique des couleurs de la houille dans les vins, commence par un historique des nombreux procédés recommandés par les divers auteurs, puis énumère les caractères généraux du vin naturel, des vins fuchsinés, sulfofuchsinés, colorés par la safranine, les rouges azoïques, etc.

L'auteur passe ensuite en revue les orangés, jaunes nitrés, jaunes azoïques, destinés à donner aux vins la couleur pelure d'oignon, les bleus ajoutés pour imiter la teinte des gros vins du Midi, etc.

Les chapitres suivants sont consacrés à la recherche et même au dosage de plusieurs matières colorantes artificielles réunies dans le même vin.

Nous trouvons ensuite les moyens de rechercher les couleurs dans les denrées alimentaires et les boissons autres que le vin. Un chapitre, consacré à l'analyse des colorants commerciaux, donne les réactions des plus importantes de ces substances.

La troisième partie intitulée : *Marche systématique pour reconnaître dans un vin les couleurs de la houille*, est certainement la plus importante pour les experts.

Par l'emploi méthodique de quelques oxydes métalliques, M. Cazeneuve arrive à résoudre de la façon la plus satisfaisante les divers problèmes qui peuvent se présenter.

En résumé, ce livre est clair, concis. Les conclusions ont pour base les nombreuses expériences personnelles de l'auteur, et tous ceux qui s'occupent de l'analyse des vins tiendront à placer dans leur bibliothèque le très intéressant ouvrage de M. Cazeneuve.

Journal de pharmacie et de chimie, 15 janvier 1887.

LES ABEILLES

ORGANES ET FONCTIONS, ÉDUCATION ET PRODUITS, MIEL ET CIRE

Par Maurice GIRARD

Président de la Société entomologique de France.

Deuxième édition.

1 vol. in-16, avec 30 figures et 1 planche coloriée....   3 fr. 50

L'Abeille est l'objet de soins de jour en jour plus attentifs et plus minutieux, en raison de l'intérêt qui s'attache à son étude et des avantages que procure son éducation.

Il manquait en France un livre qui pût être un guide à la fois scientifique et pratique, qui mît à la portée de l'éleveur l'ensemble des connaissances qu'il a besoin de posséder.

Sans avoir la pensée de remplacer l'expérience individuelle, qui, en matière d'élevage raisonné des Abeilles, vaudra toujours mieux que tous les écrits, l'auteur a exposé les manipulations agricoles, les procédés d'extraction, la composition chimique du miel et de la cire; il a décrit les organes, les fonctions, les maladies, les ennemis de l'Abeille.

Il a voulu donner aux apiculteurs un résumé clair et précis des faits d'histoire naturelle et des opérations techniques qui se rattachent à la récolte des produits; aux savants, une monographie complète, au point de vue entomologique; aux amis de la nature, une histoire simple et vraie de cet industrieux insecte, qui constitue une curiosité digne de leur patiente observation, en même temps qu'il est une source de fortune pour des populations entières.

Aux préceptes et aux descriptions, M. Girard joint des figures, qui font connaître, avec de forts grossissements, les organes internes et externes de l'Abeille, les modèles de ruches et d'appareils d'extraction; dans une planche en taille-douce, il a représenté avec leurs couleurs naturelles les trois espèces ou races élevées en Europe, en mettant à côté l'un de l'autre les types du mâle, de la reine et de l'ouvrière.

L'auteur a voulu faire un livre à la fois intéressant et utile et nous pouvons ajouter qu'il a réussi.

LA BIBLIOTHÈQUE SCIENTIFIQUE CONTEMPORAINE

Publiera en 1887 les volumes suivants:

Les ancêtres de nos animaux, dans les temps géologiques, par Albert GAUDRY, professeur au Muséum, membre de l'Institut. 1 vol. in-16, avec figures.................... 3 fr. 50

Les tremblements de terre, par FOUQUÉ, professeur au Collège de France, membre de l'Institut. 1 vol. in-16. 3 fr. 50

Sous les mers. Histoire des explorations sous-marines, par le marquis de FOLIN, membre de la commission scientifique d'exploration des grands fonds de la Méditerranée et de l'Atlantique. 1 vol. in-16, avec figures.................... 3 fr. 50

Le Transformisme, par Edmond PERRIER, professeur au Muséum. 1 volume in-16 avec figures.................... 3 fr. 50

La Galvanoplastie, le nickelage, l'argenture, la dorure et l'électro-métallurgie, par E. BOUANT, agrégé des sciences physiques. 1 vol. in-16, avec figures.................... 3 fr. 50

L'origine des arbres cultivés, par M. de SAPORTA, correspondant de l'Institut de France. 1 vol. in-16, avec fig. 3 fr. 50

La suggestion mentale et l'action des médicaments à distance, par MM. les Drs BOURRU et BUROT, professeurs à l'École de médecine de Rochefort. 1 vol. in-16 avec fig. 3 fr. 50

La Prévision du temps et les prédictions météorologiques, par G. DALLET. 1 vol. in-16 avec 40 figures........ 3 fr. 50

L'homme avant l'histoire, par Ch. DEBIERRE, professeur agrégé à la Faculté de Lyon. 1 vol. in-16, avec figures. 3 fr. 50

L'activité cérébrale, au point de vue psycho-physiologique, par Alexandre HERZEN, professeur à l'Académie de Lausanne. 1 vol. in-16.................... 3 fr. 50

Les nouvelles Institutions de bienfaisance, les dispensaires pour enfants malades, par A. FOVILLE, inspecteur général des établissements de bienfaisance. 1 vol. in-16. 3 fr. 50

La truffe, par M. le Dr FERRY DE LA BELLONNE, 1 vol. in-16, avec 20 figures.................... 3 fr. 50

La lutte pour l'Existence chez les animaux marins, par Léon FRÉDÉRICQ, professeur à l'Université de Liège. 1 vol. in-16, avec figures.................... 3 fr. 50

LES MERVEILLES DE LA NATURE

L'HOMME ET LES ANIMAUX

Par A.-E. BREHM

9 volumes grand in-8 de chacun 800 pages,
avec environ **6,000** *figures intercalées dans le texte*
et 176 planches tirées hors texte sur papier teinté.

Chaque volume se vend séparément

Broché.. **11 fr.**
Relié en demi-chagrin, plats toile, tranches dorées..... **16 fr.**

LES RACES HUMAINES ET LES MAMMIFÈRES
Édition française par Z. GERBE
2 vol. gr. in-8, avec 770 figures et 40 planches.......... **22 fr.**

LES OISEAUX
Édition française par Z. GERBE
2 vol. gr. in-8, avec 500 figures et 40 planches.......... **22 fr.**

LES REPTILES ET LES BATRACIENS
Édition française par E. SAUVAGE
1 vol. gr. in-8, avec 600 figures et 20 planches.......... **11 fr.**

LES POISSONS ET LES CRUSTACÉS
Édit. française par E. SAUVAGE et J. KUNCKEL D'HERCULAIS
1 vol. gr. in-8 de 750 p. avec 524 figures et 20 planches.   **11 fr.**

LES INSECTES
LES MYRIAPODES, LES ARACHNIDES
Édition française par J. KUNCKEL D'HERCULAIS
2 vol. gr. in-8, avec 2,060 figures et 36 planches....... **22 fr.**

LES VERS, LES MOLLUSQUES
ES ÉCHINODERMES, LES ZOOPHYTES, LES PROTOZOAIRES
ET LES ANIMAUX DES GRANDES PROFONDEURS
Édition française par A.-T. de ROCHEBRUNE
1 vol. gr. in-8 avec 1,200 figures et 20 planches.   **11 fr.**

ENVOI FRANCO CONTRE UN MANDAT SUR LA POSTE

BLANCHARD (E.) — Les Poissons des eaux douces de la France, par EMILE BLANCHARD, professeur au Muséum, membre de l'Institut. *Deuxième tirage.* 1 vol. gr. in-8 de 800 pages, avec 151 fig. et 32 planches hors texte sur papier teinté. . 16 fr.

— Le même, relié en demi-maroquin, doré sur tranches. 20 fr.

CUYER ET ALIX — Le Cheval. Paris, 1886, 1 vol. gr. in-8 de 700 pages de texte avec 172 figures et 1 atlas de 16 planches coloriées. Cartonné... 60 fr.

DENIKER. — Atlas manuel de botanique ou illustrations des familles et des genres de plantes phanérogames et cryptogames avec le texte en regard. Paris, 1886, 1 vol. in-4, 400 pages avec 200 planches in-4 comprenant 3,300 figures. Cartonné.. 30 fr.

GAUTIER (L.) — Les Champignons. 1884, 1 vol. gr. in-8 de 508 pages avec 195 fig. et 16 pl. chromolithographiées. Cartonné.. 24 fr.

HERAUD. — Les secrets de la science, de l'industrie et de l'économie domestique. 1 vol. in-18 jésus de x-654 pages, avec 205 figures. Cart. .... **6** fr.

— Jeux et récréations scientifiques. Paris, 1884, 1 vol. in-18 jésus de 636 pages, avec 297 figures...................... 6 fr.

HUXLEY. Les Sciences naturelles et les problèmes qu'elles font surgir. 1 vol. in-18 jésus de 501 pages................ 4 fr.

LYELL. — L'ancienneté de l'homme prouvée par la géologie. 1 vol. in-8 de xvi-900 p., avec 182 fig. Cart.......... 16 fr.

MARTINS. — Du Spitzberg au Sahara. Etapes d'un naturaliste. 1 vol. in-8 de 620 pages, avec 16 pl. hors texte, et une couverture artistique................................. 10 fr.

QUATREFAGES (A. DE). — Hommes fossiles et hommes sauvages. Etudes d'anthropologie. 1 vol. gr. in-8, de xii-644 pages avec 209 figures...................................... 15 fr.

— Le même, cartonné, fers spéciaux, tranches rouges. 18 fr.

RIVIÈRE (E.). — Paléoethnologie. De l'antiquité de l'homme dans les Alpes-Maritimes. 1887, 1 vol. in-4 de 340 pages avec 96 figures et 23 pl. en chromolithographie. Cartonné.... 65 fr.

Science et Nature. Paris, 1884-1885, 4 vol. gr. in-8, ensemble 1700 p. à 2 colonnes avec environ 1100 figures. Brochés.. 40 fr.
Cartonnés, avec fers spéciaux, tranches dorées........ 54 fr.
Chaque volume se vend séparément: broché.......... 10 fr.
Cartonné... 13 fr. 50

www.ingramcontent.com/pod-product-compliance
Lightning Source LLC
LaVergne TN
LVHW050032070726
842526LV00015B/502